零基础轻松学C++ 青少年趣味编程

快学习教育　编著

北京理工大学出版社
BEIJING INSTITUTE OF TECHNOLOGY PRESS

图书在版编目（CIP）数据

零基础轻松学 C++ 青少年趣味编程 / 快学习教育编著 .
北京 : 北京理工大学出版社 , 2024. 6.
ISBN 978-7-5763-4149-2
Ⅰ. TP312.8-49
中国国家版本馆 CIP 数据核字第 2024WR2611 号

责任编辑：江　立　　文案编辑：江　立
责任校对：周瑞红　　责任印制：施胜娟

出版发行 / 北京理工大学出版社有限责任公司
社　　址 / 北京市丰台区四合庄路 6 号
邮　　编 / 100070
电　　话 /（010）68944451（大众售后服务热线）
（010）68912824（大众售后服务热线）
网　　址 / http: //www.bitpress.com.cn

版 印 次 / 2024 年 6 月第 1 版第 1 次印刷
印　　刷 / 三河市中晟雅豪印务有限公司
开　　本 / 710 mm × 1000 mm　1 / 16
印　　张 / 12
字　　数 / 140 千字
定　　价 / 69.00 元

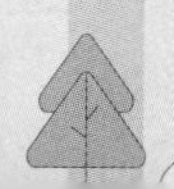

PREFACE

前言

近些年来，人工智能（AI）、虚拟现实（VR）、增强现实（AR）、区块链、物联网等热点技术层出不穷，而编程则是这些技术的核心与基石。可以预见的是，编程在未来将成为每个受过教育的人必备的一项基本素质。作为未来世界的创造者，青少年越早开始学习编程，可以越快形成与计算机相近的“计算思维”，从而游刃有余地使用数字设备和软件来学习和工作，在竞争中拥有更大的主动权。

要学习编程，首先就得选择一种编程语言。当前流行的编程语言有很多，如 C++、Python、Java 等。C++ 是一种面向对象的高级编程语言，具有语法结构严谨而清晰、功能灵活而强大、运行效率高等优点，比较适合青少年学习。目前，C++ 在桌面应用软件、数据库系统、服务器后台、网络通信程序等的开发中都得到了广泛应用，全国青少年信息学奥林匹克竞赛（NOI）也将 C++ 列为指定的编程语言。因此，学习 C++ 也具有很高的实用价值。

◎内容结构

本书共 8 章，可划分为 2 部分。

第 1 部分为第 1 章，主要讲解 C++ 编程的基础知识和基本操作，如编程环境的配置，代码的输入、编译与运行等。

第 2 部分为第 2 ～ 8 章，依次讲解了变量、数据类型、运算符、分支语句、循环语句、数组、内置函数、自定义函数、指针、类与对象等 C++ 编程的核心知识，并通过丰富的案例引导读者加深理解。

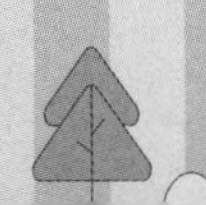

◎编写特色

★ 由浅入深，轻松入门

本书采用由浅入深、循序渐进的思路来编排内容，书中的代码都配有详尽的注释，并对代码编写的要点和难点进行总结和点拨，让零基础的读者也能轻松入门，并快速建立起学习的信心。

★ 直观清晰，生动有趣

本书以思维导图的方式，直观地展示知识的架构，清晰地梳理知识的脉络，凝练地总结知识的精髓，增强了内容的生动性，降低了理解的难度。

★ 案例典型，实用性强

为了提高青少年的学习兴趣，书中设计了丰富的案例，如方程求根、制作九九乘法表、成绩排序、猜拳游戏、竞选计票等。这些案例与青少年的学习和生活息息相关，具备较强的典型性和实用性，有心的读者通过举一反三，还能自己编写出更多有趣的程序，达到学以致用的目的。

◎读者对象

本书适合具备基本的数学知识和一定的计算机操作技能的中小学生阅读，也可作为青少年编程培训机构及青少年编程兴趣班的教材使用。

由于编者水平有限，本书难免有不足之处，恳请广大读者批评指正。读者可以加入 QQ 群 910607582 进行交流。

编　者

2024年5月

CONTENTS 目录

第1章 初识 C++

第2章 C++ 基础知识

第 3 章 C++ 分支语句

第 4 章　C++ 循环语句

第 5 章 C++ 数组

第6章 内置函数

第7章 自定义函数

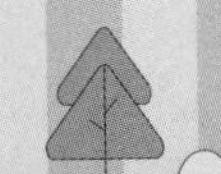

第 8 章 指针、类与对象

第1章

初识 C++

C++ 是一种面向对象的高级编程语言，在各行各业都有着广泛应用。本章将带领大家迈入 C++ 编程世界的大门。首先介绍一种常用的 C++ 编译器 Dev-C++ 的工作界面和环境配置，然后通过一个简单的实例程序引导大家熟悉代码的输入、编译与运行等编程基本操作，此外还会讲解 C++ 程序的基本结构、编程错误的种类、ASCII 码等编程基础知识。

001 孩子为什么要学编程

近年来，得益于人工智能的迅猛发展，编程教育在世界范围内获得了广泛关注。随着国家层面的重视和相关政策的出台，针对青少年的计算机编程教育蓬勃兴起。但是对于孩子为什么要学习编程，很多家长还是存在疑惑。下面就从三个方面来说一说学习编程对孩子成长的好处。

编程能培养逻辑思维能力

编程最重要的就是梳理逻辑关系，将一个大问题分割成多个小问题来“各个击破”。在这个过程中，孩子需要思考如何简化问题、哪些问题是需要优先解决的、不同问题之间的内在联系是什么，从而锻炼了他们的观察、分析、判断和表达思路的逻辑思维能力。

编程能锻炼多学科知识的综合应用能力

学习编程能促进孩子学习其他学科。为了解决一个编程问题，孩子往往需要学习多门学科的知识，并进行综合应用。例如，为了通过编程在计算机屏幕上逼真地展现一架纸飞机的飞行轨迹，孩子需要学习关于物体运动规律的物理知识，并运用数学知识推导纸飞机在屏幕上的位置随时间变化的关系。这种寓教于乐的形式能够很好地激发孩子的学习热情，增强他们学习的主动性。

编程能提升专注力

在编程时，哪怕输错一个字母，程序都不能正常运行。即使能够成功运行，运行结果也可能和自己的设想完全不同。此时就需要

孩子细心和耐心地寻找错误并改正。在这个过程中，孩子的专注力和抗挫折能力会得到很大提升。

可以预见的是，在未来社会，越来越多的行业都将离不开编程。让孩子学习编程并不代表孩子以后就一定要当程序员或软件工程师，它的主要目的是为孩子打开一扇逻辑思维的大门，培养孩子多方面的能力，在竞争中拥有更大的主动权。

002　为什么要学 C++

如果你想让计算机按照你的要求去做事，首先就需要能够与计算机交流。人类之间的交流通过汉语、英语等语言来完成，而人类与计算机交流则必须依赖计算机能够理解的语言——编程语言。简单来说，编程语言是我们用于控制计算机的一组指令，它和人类的语言一样，也有固定的词汇和语法。

编程语言有很多种，如 C 语言、Python、Java 等。C++ 是在 C 语言的基础上发展而来的一种面向对象的高级编程语言，具有语法结构严谨而清晰、功能灵活而强大、运行效率高等优点。用 C++ 编写的代码可以在 Windows、macOS、UNIX、Linux 等几乎所有的操作系统上编译和运行。目前，C++ 在桌面应用软件、数据库系统、服务器后台、网络通信程序等的开发中都得到了广泛应用，全国青少年信息学奥林匹克竞赛也将 C++ 列为指定的编程语言。

003　认识 C++ 编译器的界面

计算机内部只能识别和执行由 0 和 1 组成的二进制指令。用

C++ 编写好程序代码后，还必须将代码转换为二进制指令，才能交给计算机去执行。这个转换的过程就是编译，实现编译的软件就是编译器。

C++ 的编译器有很多，本书推荐使用 Dev-C++。Dev-C++ 是一款免费的 C++ 编译器，它界面简洁，调试功能完备，提供的语法加亮显示功能可以帮助减少编辑错误，非常适合 C++ 初学者使用。

为了在编程时能更加得心应手，我们先来了解一下 Dev-C++ 的界面各组成部分的名称和功能，如图 1-1 和表 1-1 所示。

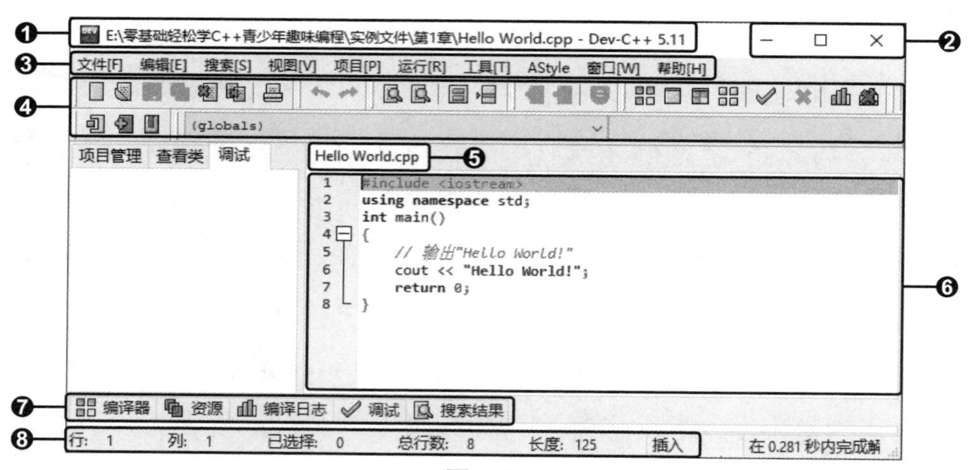

图 1-1

表1-1

编号	名称	功能
❶	标题栏	用于显示当前程序文件的保存位置、文件名和类型
❷	窗口控制按钮	执行窗口的最大化、最小化或关闭操作
❸	菜单栏	用于执行菜单命令
❹	工具栏	用于显示常用的功能按钮
❺	文件标签页	以标签页的形式显示打开的程序文件的文件名，单击标签页即可在不同的程序文件窗口之间切换
❻	代码编辑区	用于输入和编辑代码内容

续表

编号	名称	功能
❼	输出标签页	用于在编译程序后显示编译器错误或编译日志等信息
❽	状态栏	用于显示当前的状态信息，如光标位置、代码总行数等

004　配置 C++ 的编程环境

在开始使用 Dev-C++ 编程之前，可以按照个人的使用习惯，对 Dev-C++ 的编程环境进行配置。

打开 Dev-C++，执行“文件→新建→源代码”菜单命令或按【Ctrl+N】组合键，新建一个源代码文件，可看到代码编辑区默认的背景颜色为白色，代码的显示字号也较小。如果想要改变这些元素的外观，❶可单击“工具”菜单，❷执行“编辑器选项”命令，如图 1-2 所示。

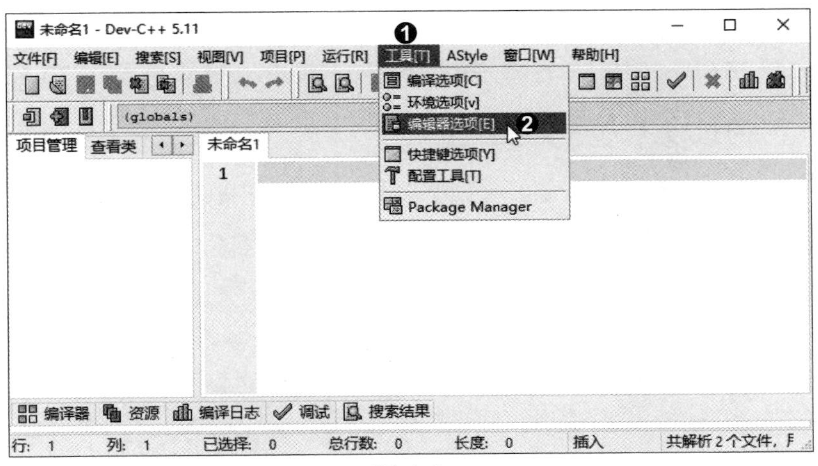

图 1-2

打开“编辑器属性”对话框，❶单击“显示”标签，❷在展开的选项卡中可以设置程序代码的字体和大小，如图 1-3 所示。

❶单击“语法”标签，在展开的选项卡中可以设置程序代码中的各种语法元素的前景颜色、背景颜色及样式（黑体、斜体、下画线）。❷这里在左上角的列表框中选中“Space”选项，它指的是代码编辑区的空白区域，❸单击“背景”右侧的下拉按钮，❹在展开的列表中单击要设置的背景颜色，这里选择“Silver”选项，如图 1-4 所示。完成后单击“确定”按钮。

图 1-3

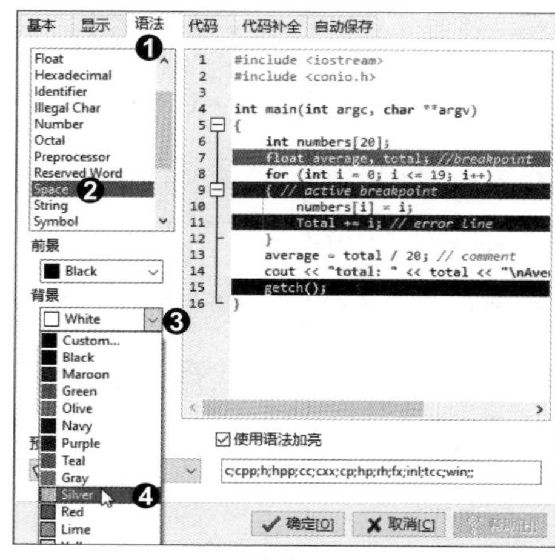

图 1-4

随后可看到如图 1-5 所示的设置效果。如果想要恢复设置前的效果，可通过以上方法重新设置。

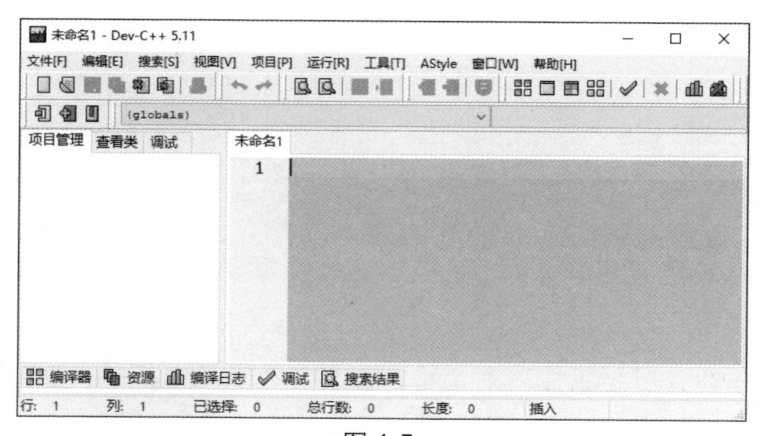

图 1-5

005　编写一个简单的 C++ 程序

完成 Dev-C++ 的编程环境配置后，下面从一个简单的 C++ 程序入手，带领大家学习在 Dev-C++ 中编程的基本操作。

启动 Dev-C++，❶单击“文件”菜单，❷执行“新建→源代码”命令，如图 1-6 所示。

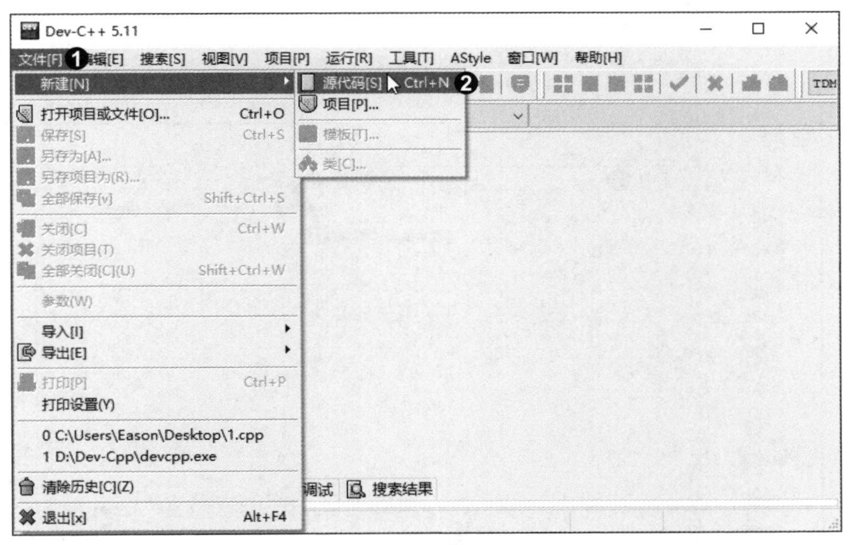

图 1-6

❶在代码编辑区中输入如图 1-7 所示的程序代码，这段代码的功能很简单，它会在屏幕上输出“Hello World!”的文字。输入代码后，❷单击工具栏中的“保存”按钮，或者按【Ctrl+S】组合键，保存编写的程序。

❶在打开的“保存为”对话框中设置好程序的保存位置，❷在“文件名”文本框中输入程序名称，❸“保存类型”保持默认的“C++ source files（*.cpp；*.cc；*.cxx；*.c++；*.cp）”选项不变，❹最后单击“保存”按钮，如图 1-8 所示。

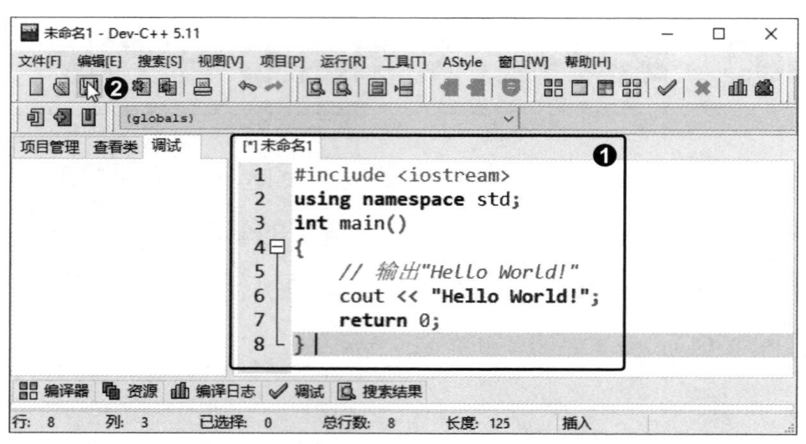

图 1-7

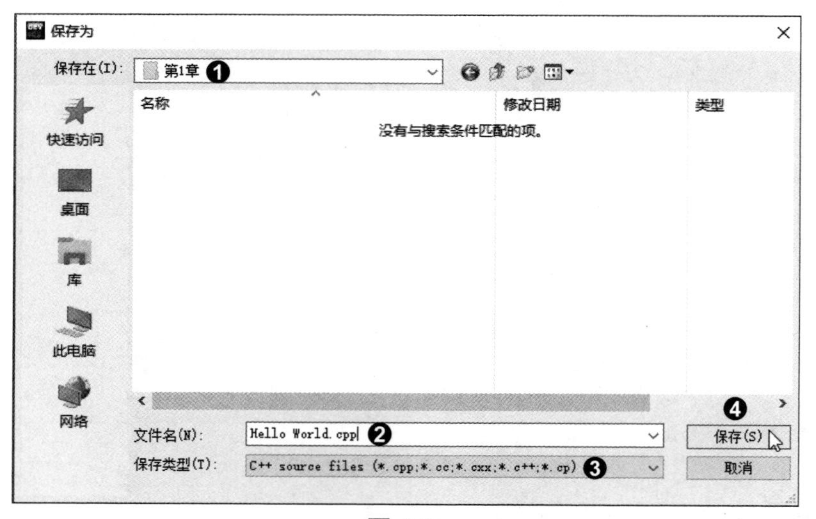

图 1-8

保存程序文件后，单击窗口右上角的“关闭”按钮，关闭该窗口，然后在保存位置双击该程序文件，在 Dev-C++ 中打开程序文件，效果如图 1-9 所示。

在代码编辑区输入上述代码时，需要注意以下几点。

❶代码中的标点和符号，如冒号、括号等，都必须在英文状态下输入。输入英文字母时注意区分大小写。

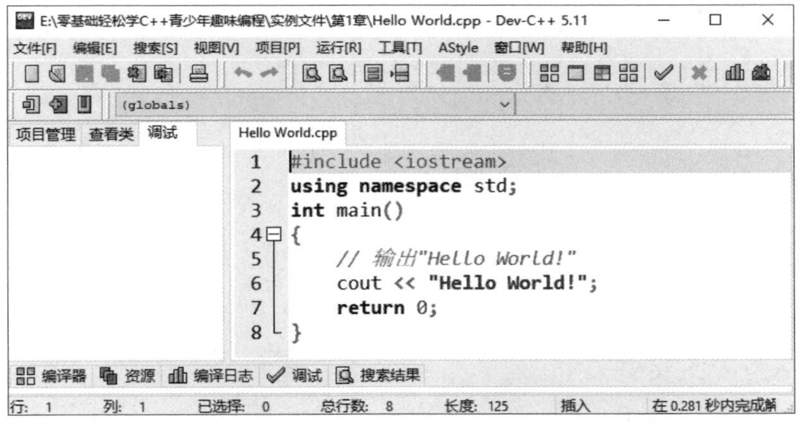

图 1-9

❷ C++ 没有强制要求在代码中使用缩进，但是本书建议使用缩进，如第 5 ～ 7 行代码，这样可以让代码的层次结构更加清晰，便于其他人阅读和理解。可以按【Tab】键或空格键实现缩进，但是同一个程序的缩进方式应统一，不要将【Tab】键和空格键混用。

❸ 同样为了便于其他人阅读和理解代码，还可以为代码添加注释。第 5 行代码即为单行注释，以“//”开头。注释可以添加在一行代码的上方或后方。

❹在变量和运算符之间最好加一个空格，这样做也是为了提高代码的可读性。

❺大多数语句以分号“;”结尾，输入时注意不要遗漏。

006　理解 C++ 程序的基本结构

一般情况下，一个 C++ 程序的基本结构由以下 3 部分组成：

- 头文件
- 命名空间

• 主函数

下面对这 3 个组成部分进行简单介绍。

头文件

在上一节编写的程序中，第 1 行代码“#include <iostream>”是编写主函数前必须输入的一行代码，因为它在 C++ 程序的开头，所以称为“头文件”。它是一条编译预处理命令，其中，#include 的作用是查找和调用库，<> 内为要查找和调用的库的名称。这行代码的作用是告知编译器此程序包含 iostream 库，这个库用于支持输入和输出操作，本书后面的案例会多次用到这个库。

除了 iostream，C++ 还提供了多种类型的库，如 ctime、cmath、cstring 等，不同的库包含不同的对象，用于实现不同的操作。如果程序中的对象分别来自不同的库，那就必须在程序的开头调用相应的库，再继续编写其他代码。这就像是想要在程序中使用某个工具，首先就需要告诉编译器这个工具装在哪个箱子里。

命名空间

在上一节编写的程序中，第 2 行代码“using namespace std;”也是编写主函数前必须输入的一行代码，它常常位于头文件的下方。它的作用是告诉编译器要使用标准命名空间。命名空间（namespace）是一个用于避免大型项目中命名冲突的机制。一个中型或大型软件往往由多名程序员共同开发，会使用大量的变量和函数。程序员们各自测试自己编写的代码或许都能正常运行，但将它们结合到一起却不可避免地会出现变量或函数的命名冲突。为了解决合作开发时的命名冲突问题，C++ 引入了命名空间的概念。

std 是 standard 的缩写，意思是“标准命名空间”。第 6 行代码中的对象 cout 被定义在标准命名空间的 iostream 库中，要想让编译器找到并调用对象 cout，就必须使用第 1 行代码调用头文件，用第 2 行代码指定命名空间。

主函数

完成库的调用并指定命名空间后，就可以开始编写程序的执行代码，也就是主函数。主函数指的是包含一个语句块和若干语句的程序结构。每个 C++ 程序都是从一个主函数开始执行的。

在上一节编写的程序中，第 3 ～ 8 行代码就是主函数，这个主函数包含一个语句块，语句块以左大括号“{”开始（第 4 行），以右大括号“}”结束（第 8 行）。一个语句块可包含若干语句，根据 C++ 的语法，凡是能实现某种操作并且最后以分号结束的都是语句。第 6 行和第 7 行代码就是两条语句，第 5 行代码不是语句而是注释。这两条语句和注释的具体含义会在后面详细讲解。需要注意的是，语句块内的每条语句都必须以一个分号“;”作为结尾，这个分号是语句终止符。

下面介绍主函数的一些知识点。

（1）输入与输出

C++ 中的输入与输出可以看成一连串的数据流。输入可以看成从键盘输入程序中的一串数据流，而输出则可以看成从程序中输出一串数据流到指定设备（一般为显示器）中。在编写 C++ 程序时，如果需要输入和输出数据，就需要引入 iostream 库，iostream 是 input/output stream 的缩写，意思是“输入 / 输出流”。iostream 库包含了用于输出的对象 cout 和用于输入的对象 cin。

在上一节编写的程序中，第 6 行代码就使用了对象 cout 从程序中输出指定信息到显示器上。cout 后的“<<”是流插入运算符，运算符后面为要显示在显示器上的内容，该内容为字符串或表达式，如果为字符串就必须包含在引号内。因此，第 6 行代码表示在显示器上输出字符串内容“Hello World!”。类似地，要输入信息，就要用到对象 cin 及流提取运算符“>>”。

尽管对象 cin 和 cout 不是 C++ 的语句，但是在不致混淆的前提下，为了叙述方便，我们常常把由对象 cin 和流提取运算符“>>”实现输入的语句称为输入语句或 cin 语句，把由对象 cout 和流插入运算符“<<”实现输出的语句称为输出语句或 cout 语句。使用两个对象编写代码时都要遵循一定的格式。

• cout 语句的一般格式为：

cout << 表达式 1 << 表达式 2 << … << 表达式 n;

cout 语句一般格式中的表达式可以是由运算符、括号、数值对象或变量等多个元素组成的运算式，也可以是变量或字符串。

• cin 语句的一般格式为：

cin >> 变量 1 >> 变量 2 >> … >> 变量 n;

cin 语句一般输入的是一个或多个变量的值，这个值可以是数值，也可以是字符串。

（2）return 0

在上一节编写的程序中，第 7 行代码中的 return 语句用来退出程序，一般放在主函数的末尾。0 是返回值，表示程序成功退出。如果不编写该语句，在有些编译器中，程序也可以运行，但是在有些编译器中则不能运行。为了让程序在所有编译器中都能运行，加上该语句是很有必要的。

（3）注释

在上一节编写的程序中，第 5 行代码是一条单行注释，而不是程序的语句，在编译程序时会被编译器忽略，不会影响程序的运行结果。注释用于说明某一行或某几行代码是用来干什么的，能帮助人们更容易地理解程序。

单行注释以双斜线“//”开始，可以单独占据一行书写，也可以书写在一行代码的最后，但不能放在代码的前面，因为这样编译器就会把这一行代码都作为注释看待。

在调试程序时可以利用注释来定位错误代码。例如，调试时初步怀疑错误是某一部分代码导致的，就可以利用“//”将这部分代码转换为注释，如果再次运行时错误消失，则说明这部分代码确实有问题。

007　编译、运行 C++ 程序

编写好程序并保存后，要想运行程序并得到结果，还得通过编译功能把代码转换成可执行文件（*.exe）。如图 1-10 所示，❶单击“运行”菜单，❷执行“编译”命令，或者按【F9】键，即可开始编译程序。

如果编译过程中未发生错误，❶输出标签页会自动切换至“编译日志”选项卡，❷在该选项卡下会显示该程序的文件名、编译结果、编译时间等信息。❸随后单击“运行”菜单，❹执行“运行”命令，如图 1-11 所示，或者按【F10】键，即可运行编译得到的可执行文件。

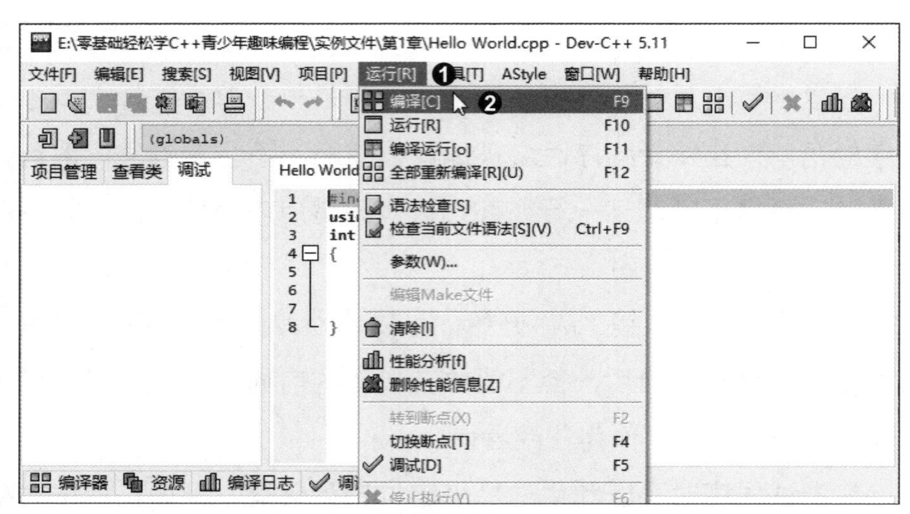

图 1-10

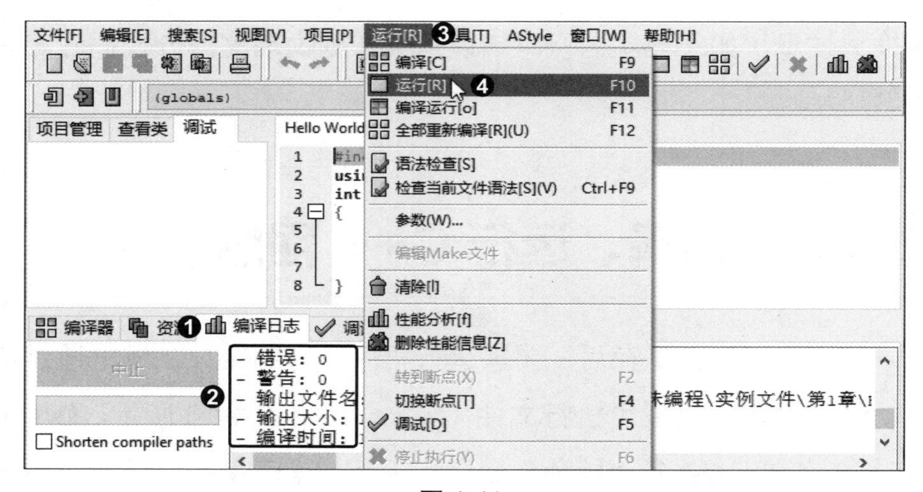

图 1-11

在自动打开的可执行文件窗口中可看到程序的运行结果，如图 1-12 所示。

```
G:\零基础轻松学C++：青少年趣味编程（全彩版）\案例文件\第1章\Hello...
Hello World!
--------------------------------
Process exited after 0.04568 seconds with return value 0
请按任意键继续. . .
```

图 1-12

以上先编译后运行的流程是运行代码的标准流程。如果代码较长或较复杂，按照标准流程先编译后运行是很有必要的。如果代码比较简单，❶可以单击“运行”菜单，❷执行“编译运行”命令，或者按【F11】键，一次性完成代码的编译和运行操作，如图 1-13 所示。

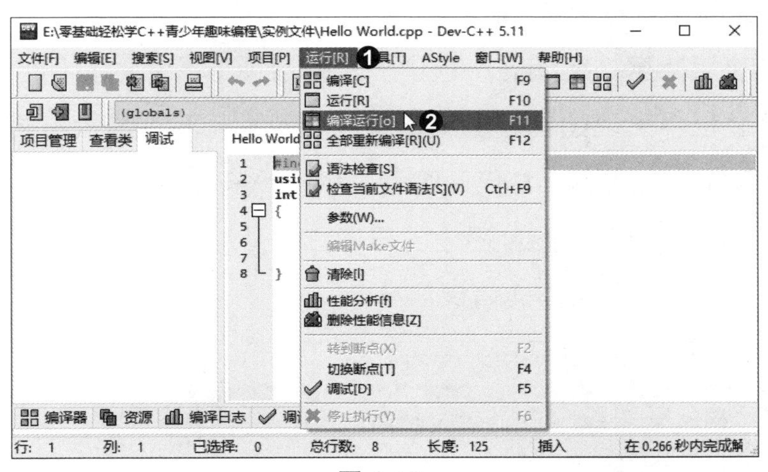

图 1-13

008　了解编程错误

前面介绍的程序比较简单且代码无误，只要输入正确，在编译和运行后，就能看到预想的运行结果。但是，随着学习的深入，我们编写的程序会越来越复杂，出现错误是难免的，对于有经验的编程者来说也是如此。

初学者在编程中遇到的错误主要分为语法错误和逻辑错误两类。下面就来看看这两类错误的区别及更正方法。

语法错误

通过编译器的编译功能发现的错误就称为语法错误。例如，输错了对象、符号，遗漏了必要的分号，使用了左括号却没有添加右括号，或者应用了编辑器不能识别的函数等。通常编译器都会告诉我们这些错误的具体位置及出错的原因。下面就来学习语法错误的查看和更正方法。

❶在 Dev-C++ 编译器中执行“运行→编译”命令后，输出标签页会自动切换至“编译器”选项卡，在选项卡名称的右侧会显示程序编译过程中出现的错误数量，❷在该选项卡下会显示错误所在的行列号及出错的原因，❸代码编辑区中会高亮显示出错的某行代码，如图 1-14 所示。可以看到，图中的程序在编译过程中出现了 5 个错误，在选项卡下可看到具体的错误信息。

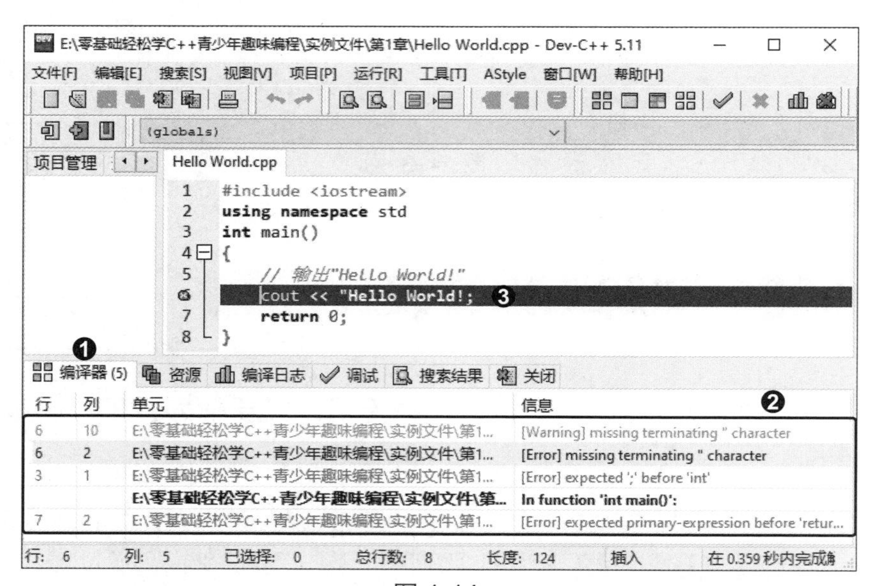

图 1-14

通过仔细分析可以发现，虽然显示的错误有 5 个，但是实际上只有 2 个错误：第 1 个错误是第 2 行代码的末尾遗漏了分号，第 2 个错误是第 6 行的字符串“Hello World!”遗漏了右侧的引号。也就是说，有时一个错误会连带导致许多行代码都出现编译错误。因此，在更正错误时最好从顶端的错误开始，也许就能同时更正一些后续

发生的连带错误，从而在一定程度上减少工作量。

逻辑错误

逻辑错误是指程序没有语法错误，可以顺利地编译和运行，但是运行结果不符合编程者的预期。以计算 5 除以 2 为例，根据我们已经掌握的数学知识，很容易就能算出结果是 2.5。下面用 C++ 编写一个程序来完成计算，如图 1-15 所示。

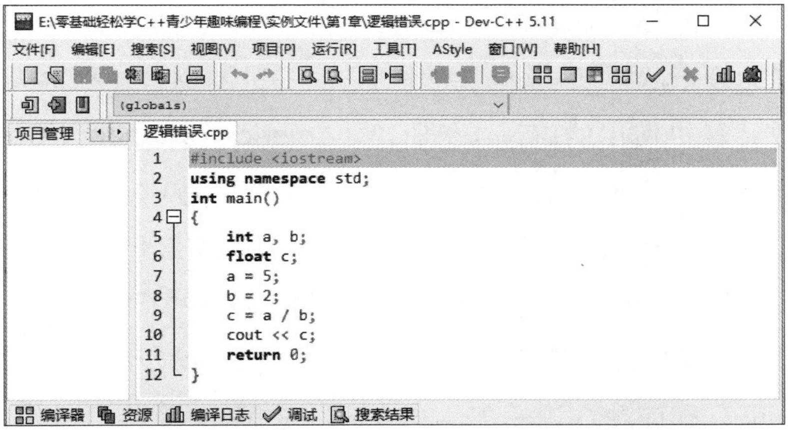

```
#include <iostream>
using namespace std;
int main()
{
    int a, b;
    float c;
    a = 5;
    b = 2;
    c = a / b;
    cout << c;
    return 0;
}
```

图 1-15

保存程序文件，按【F11】键，运行结果如图 1-16 所示。

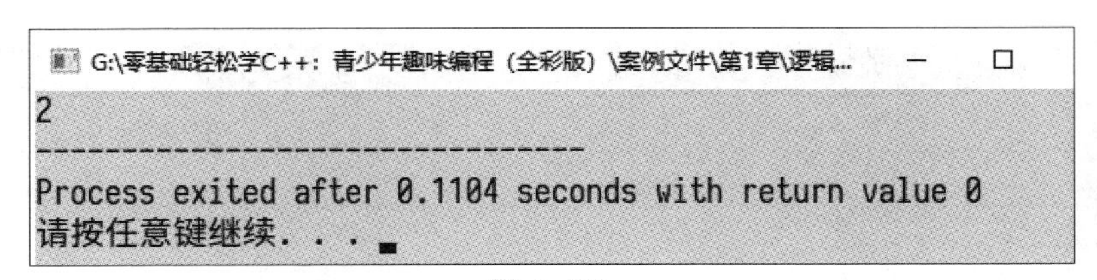

图 1-16

可以看到程序正常运行结束，但是输出的计算结果为 2，与我们预想的计算结果 2.5 不符，这种情况就是程序中存在“逻辑错误”。出现错误的原因是在 C++ 中，两个整数相除的结果只保留整数部分，小数部分会被丢弃。为了得到正确的结果，需要更改变量 a 和 b 的

数据类型，即将第 5 行代码改为“float a, b”。

通常情况下，我们根据编译器的提示很容易就能找到并更正语法错误，但是找到逻辑错误就不那么容易了，需要我们在学习中多多反思并积累经验。

009 ASCII 码

计算机内部的数都是用二进制数字（由许多 0 和 1 组成的一串数字）表示的，把一个数映射到它的二进制码的过程称为编码，大多数计算机使用的编码是 ASCII（American Standard Code for Information Interchange，美国信息互换标准代码）。

表 1-2 所示为部分可显示的字符（包括英文字母、数字和符号等）的 ASCII 码。一个字符的 ASCII 码由字符所在的行号和列号组成。例如，大写字母 A 位于第 6 行第 5 列，因此其 ASCII 码为 65。

这里只是简单认识一下 ASCII 码，在第 34 页将会讲解 ASCII 码的用途。

表1-2

	0	1	2	3	4	5	6	7	8	9
3			（空格）	!	"	#	$	%	&	'
4	(	)	*	+	,	-	.	/	0	1
5	2	3	4	5	6	7	8	9	:	;
6	<	=	>	?	@	A	B	C	D	E
7	F	G	H	I	J	K	L	M	N	O
8	P	Q	R	S	T	U	V	W	X	Y
9	Z	[	\	]	^	_	`	a	b	c
10	d	e	f	g	h	i	j	k	l	m
11	n	o	p	q	r	s	t	u	v	w
12	x	y	z	{	|	}	~			

第2章

C++ 基础知识

本章将讲解 C++ 的基础知识，主要分为变量和常量、数据类型、运算符三大部分。变量和常量部分将讲解变量的定义与赋值、变量命名的规则与习惯、常量的定义等知识；数据类型部分将讲解数值类型和字符类型的知识；运算符部分将讲解算术运算符、关系运算符、赋值运算符、逻辑运算符、自增 / 自减运算符。

010 变量的定义与赋值

案 例 今天出去玩花了多少钱

文件路径 案例文件 \ 第 2 章 \ 变量的定义与赋值 .cpp

如果在编程时需要多次用到一个数据，但是这个数据太长了，不便于记忆和输入，那么能不能用一个简单的符号，比如 a 来指代这个数据呢？这样在使用该数据时就更方便和容易了。这里用于指代数据的符号 a 就是一个变量。下面就来学习变量的定义与赋值方法吧。

思维导图

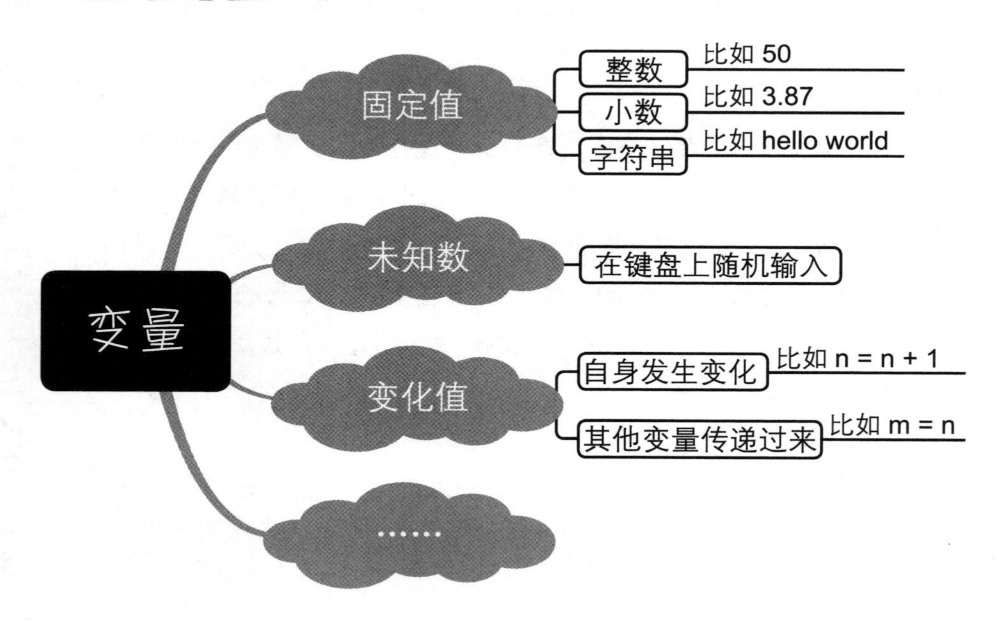

案例说明

下面通过编写一个小程序，计算今天出去玩花了多少钱，以此来帮助大家加深对变量的理解。打开编译器，输入如下代码。

代码解析

```
1   #include <iostream>         →引入头文件
2   using namespace std;        →指明命名空间
3   int main()
4   {
5       float a, b, c;          →创建变量 a、b、c 并定义其数据类型
6       a = 20;  ┐
7       b = 15;  ├→为变量 a、b、c 赋值，其值分别是出去玩时的各种花费
8       c = 55;  ┘
9       a = a + b + c;          →计算变量 a、b、c 之和，将计算结果赋给变量 a
10      cout << "总花费金额：" << a;  →将引号内的字符串内容和变量 a 的值输出到屏幕上
11      return 0;
12  }
```

保存以上代码后按【F11】键，即可得到如下所示的运行结果。

运行结果

```
总花费金额：90
```

要点分析

1 在 C++ 中要创建一个变量，首先要定义该变量的数据类型。上述程序先在第 5 行代码中将要创建的变量的数据类型定义为 float，然后才在第 6 ～ 9 行代码中为变量赋值，即将变量与一个值关联起来。关于数据类型的知识会在第 28 ～ 31 页详细讲解，在这里大家只需要知道 float 是一种数据类型即可。

2 在一个程序中可以多次为同一个变量赋值，该变量所代表的值会随着赋值不断变化。例如，运行完第 6 ～ 8 行代码，变量 a、b、c 分别代表数字 20、15、55。运行到第 9 行代码时，会先计算变量 a、b、c 所代表的数字之和，再将计算结果 90 赋予变量 a，此时变量 a 不再代表数字 20，而是代表数字 90。

3 在第 10 行代码中，cout 语句输出的内容有两部分：前一部分为字符串，输出时会在屏幕上直接显示引号内的内容；后一部分是变量 a，输出时会在屏幕上显示变量 a 的值。

4 如果要创建的多个变量的数据类型相同，可使用第 5 行代码中的方法同时定义多个变量的数据类型。如果多个变量的数据类型不同，则需要分别定义。但无论怎样书写，都要先定义数据类型再赋值。

011 变量命名的规则与习惯

案　　例　单位磅和千克的转换

文件路径　案例文件 \ 第 2 章 \ 变量命名的规则与习惯 .cpp

难度系数 ★★☆☆☆

变量的命名不能随心所欲地进行，需要遵循一些命名规则，否则 C++ 的编译器会报错。除了命名规则以外，还有一些约定俗成的命名习惯。我们需要将两者结合运用，才能为变量取一个好听、好记、好用的名称。下面就来学习变量命名的规则和习惯吧。

思维导图

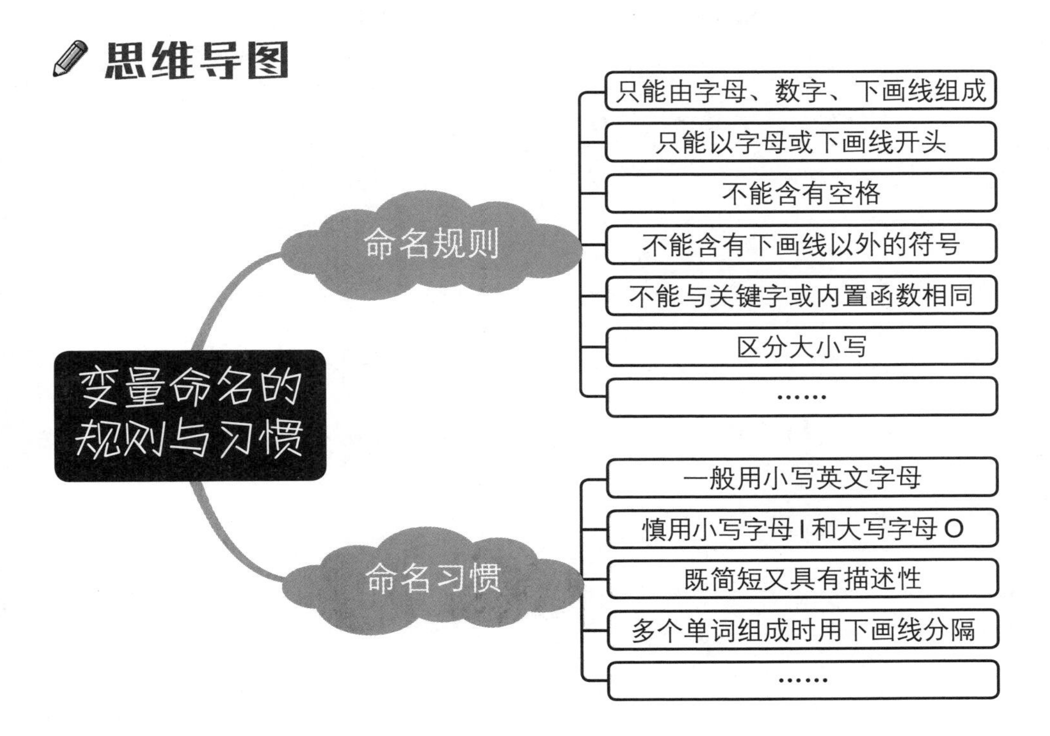

案例说明

已知单位磅和千克的转换公式：1 磅 =0.453 592 4 千克。下面用变量编写一个小程序，将用户输入的磅数转换为千克数，以此帮助大家加深对变量命名规则的理解。打开编译器，输入如下代码。

代码解析

```
1  #include <iostream>        ┐
2  using namespace std;       ┘→ 引入头文件并指明命名空间
3  int main()
4  {
5      double rate, pound, kg;
6      rate = 0.4535924;  → 用 rate 代表转换率
7      cout << "请输入想转换成千克数的磅数：";
```

```
8       cin >> pound;          // 用 pound 代表输入的磅数
9       kg = rate * pound;     // 用 kilogram 的缩写 kg 代表计算出的千克数
10      cout << "转换后的千克数：" << kg;
11      return 0;
12  }
```

保存以上代码后按【F11】键运行，输入要转换为千克数的磅数，如 3.87，按【Enter】键，即可得到如下所示的运行结果。

运行结果

```
请输入想转换成千克数的磅数：3.87
转换后的千克数：1.7554
```

要点分析

1. 为变量命名时，在遵守命名规则的前提下，要尽量使用有意义且便于理解的名称。如果有意义的名称太长，不方便输入，可以采用缩写。例如，第 5 行代码中，在命名代表转换率和磅数的变量时，直接使用了对应的英文单词 rate 和 pound；而在命名代表千克数的变量时，则使用了英文单词 kilogram 的缩写 kg，这样做一方面是为了让程序更简洁，另一方面是因为千克的单位符号就是 kg。

2. 如果对英文不熟悉，也可以使用汉字的拼音来命名变量，虽然不够专业，但是便于学习。

3. 在为变量命名时是可以使用大写字母的，但是本书建议使用小写字母，这样可以减少大小写切换的键盘操作，从而减少输入错误。

4 在第 5 行代码中，定义变量的数据类型为 double。关于数据类型的知识将会在第 28 ～ 31 页详细讲解，在这里大家只需要知道 double 也是一种数据类型即可。

5 在第 7 行代码中，使用 cout 语句在显示器上输出了一个字符串“请输入想转换成千克数的磅数：”，用于提示用户需要输入的数据是磅数。而后在第 8 行代码中，使用 cin 语句接收用户从键盘输入的磅数。通过这两个语句的结合应用，我们在编程时无须事先知道要转换的具体磅数，程序的功能因而变得更加灵活。

012　常量的定义

案　　例　求圆环的面积

文件路径　案例文件 \ 第 2 章 \ 常量的定义 .cpp

根据前面学习的内容我们已经知道，变量是用于代表一个值的符号，在程序的运行过程中，变量所代表的值是可以被改变的。如果需要让一个符号所代表的值在程序运行过程中不可被改变，则要将这个符号定义为常量。下面就来学习常量的定义方法吧。

思维导图

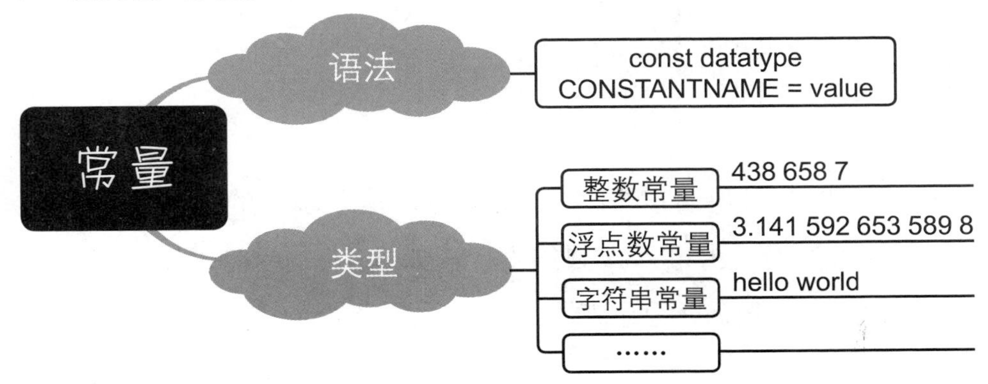

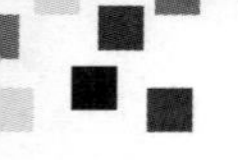

案例说明

下面利用常量编写一个程序，通过两个同心圆的半径计算由这两个同心圆组成的圆环的面积（即大圆的面积减去小圆的面积）。打开编译器，输入如下代码。

代码解析

```
1  #include <iostream>
2  using namespace std;
3  int main()
4  {
5      const double pi = 3.1415926535898;
6      double r1, r2, s_area, b_area, area;
7      cout << "请输入小圆的半径：";
8      cin >> r1;
9      cout << "请输入大圆的半径：";
10     cin >> r2;
11     s_area = pi * r1 * r1;
12     b_area = pi * r2 * r2;
13     area = b_area - s_area;
14     cout << "圆环的面积：" << area;
15     return 0;
16 }
```

定义一个常量 pi，用于代表圆周率值 3.141 592 653 589 8

定义变量分别代表小圆半径、大圆半径、小圆面积、大圆面积、圆环面积

等运行时用从键盘上输入的值为代表小圆半径和大圆半径的变量赋值

计算小圆面积

计算大圆面积

计算圆环面积

保存以上代码后按【F11】键运行，输入小圆的半径，如 2.6，按【Enter】键，再输入大圆的半径，如 3.9，再次按【Enter】键，即可得到如下所示的运行结果。

运行结果

```
请输入小圆的半径：2.6
请输入大圆的半径：3.9
圆环的面积：26.5465
```

要点分析

1. 定义常量的方法有两种：一种是使用 #define 预处理器，语法格式为“#define CONSTANTNAME value”，其中，CONSTANTNAME 为常量名，value 为常量的值，这种方法其实是在编译之前对代码进行查找和替换，即把代码中的 CONSTANTNAME 替换为 value，一般不推荐使用；另一种是使用 const 关键字，语法格式为“const datatype CONSTANTNAME = value”，其中，datatype 为要定义的常量的数据类型，CONSTANTNAME 为常量名，value 为常量的值。在第 5 行代码中，使用关键字 const 定义了常量 pi，指定该常量的数据类型为 double，并且指定该常量用于代表数字 3.141 592 653 589 8。

2. 常量和变量在命名要求上区别不大，两者的主要不同之处在于：变量既可以在定义的同时赋值，也可以先定义后赋值，并且可以在程序运行过程中对变量重新赋值；而常量必须在定义的同时就指定其值，并且此后它的值不能再改变，否则编译时会报错。

3. 使用常量有很多好处，例如，可以用一个简短且有意义的代号来代表一个固定值，让程序更易读，需要改变此固定值时也只需修改一处代码，从而减少修改量和可能产生的输入错误。虽然用变量也可以实现同样的效果，但是当程序中定义的变量较多时，很容易因错误的赋值操作导致运行结果不正确。也就是说，当需要在一个程序中多次使用一个固定值时，使用常量比使用变量更能防止出错。

013 数据类型：数值类型

案 例 读书计划

文件路径 案例文件 \ 第 2 章 \ 数值类型 .cpp

在前面的学习中，我们已经多次接触到数据类型，如 float、double，它们都属于 C++ 基本数据类型中的数值类型。C++ 的数据类型其实不止这些，还有字符型、布尔型等数据类型。下面先来学习 C++ 数据类型中的数值类型吧。

思维导图

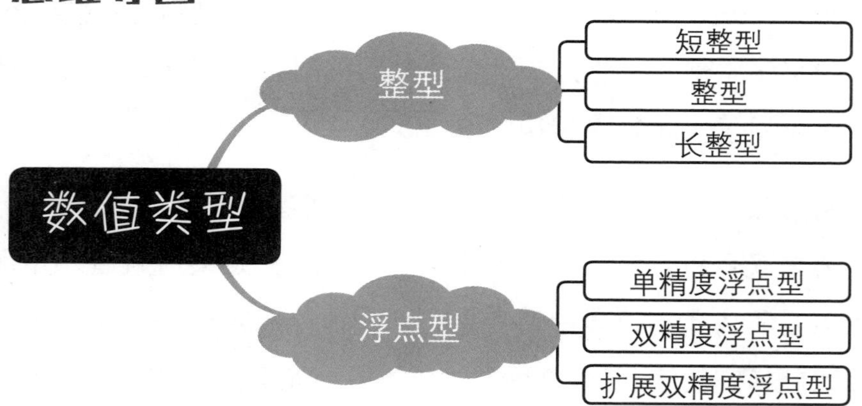

表 2-1 所示为 C++ 的数值类型及其一般的取值范围。类型标识符中的“[]”表示其中的内容在编写代码时可以省略，例如，short int 和 short 是等价的。

表2-1

数值类型名称			类型标识符	取值范围
整型	短整型	有符号短整型	short [int]	-32 768 ～ 32 767
		无符号短整型	unsigned short [int]	0 ～ 65 535
	整型	有符号整型	[signed] int	-2 147 483 648 ～ 2 147 483 647
		无符号整型	unsigned [int]	0 ～ 4 294 967 295
	长整型	有符号长整型	long [int]	-2 147 483 648 ～ 2 147 483 647
		无符号长整型	unsigned long [int]	0 ～ 4 294 967 295
浮点型	单精度浮点型		float	负数范围： -3.402 823 5e+38 ～ -1.4e-45 正数范围： 1.4e-45 ～ 3.402 823 5e+38
	双精度浮点型		double	负数范围： -1.18e+4932 ～ -3.37e-4932 正数范围： 3.37e-4932 ～ 1.18e+4932
	扩展双精度浮点型		long double	负数范围： -1.18e+4932 ～ -3.37e-4932 正数范围： 3.37e-4932 ～ 1.18e+4932

案例说明

假设我们计划在 2 个月内读完 9 本书，下面编写一个小程序计算每月需要读几本书。打开编译器，输入如下代码。

代码解析

```
1  #include <iostream>
2  using namespace std;
3  int main()
4  {
5      int books, months;——→ 定义整型变量 books 和 months
```

```
6      books = 9;
7      months = 2;
8      double books_per_month;
9      books_per_month = static_cast<double>(books) /
        months;
10     cout << "每月需要读" << books_per_month << "本";
11     return 0;
12  }
```

定义浮点型变量 books_per_month

将变量 books 的数据类型由整型转换为浮点型，然后将其与变量 months 相除后的值赋给变量 books_per_month

保存代码后按【F11】键运行，即可得到如下所示的运行结果。

运行结果

```
每月需要读4.5本
```

要点分析

1 因为已知的月数和总读书数都是整数，所以在第 5 行代码中将变量 books 和 months 的数据类型都定义为整型 int。而计算出的每月读书数不一定是整数，所以在第 8 行代码中将变量 books_per_month 的数据类型定义为浮点型 double。

2 在 C++ 中使用变量进行计算后，计算结果的数据类型会被转换为与变量相同的数据类型。也就是说，在第 9 行代码中，变量 books 和 months 的数据类型都为整型 int，如果直接相除，得到的结果不是浮点数 4.5，而是整数 4，即小数点后的所有内容会被舍弃。为了得到准确的计算结果，这里将变量 books 的数据类型强制转换为浮点型 double。强制转换数据类型的语法格式如表 2-2 所示。

表2-2

格式	static_cast<datatype>(value)
含义	static_cast 是数据类型强制转换的一个固定格式
	datatype 是要转换的目标数据类型
	value 是要转换数据类型的变量或常量

3 在第 9 行代码中也可同时对变量 books 和 months 执行数据类型转换，写成“books_per_month = static_cast <double> (books) / static_cast <double> (months)”，但不能写成“books_per_month = static_cast <double> (books / months)”。因为如果写成后一种形式，括号内的计算会在类型转换之前完成，即先对两个整数执行整除运算得到 4，再将 4 转换为 double 类型的值 4.0，然后将 4.0 赋给变量 books_per_month，得到的结果同样是不准确的。当然，还可以直接将变量 books、months、books_per_month 都定义为浮点型 double。大家可以按照上述思路自己动手修改程序，看一看会得到怎样的运行结果。

014　数据类型：字符类型

案　例　排序学生的英文名

文件路径　案例文件 \ 第 2 章 \ 字符类型 .cpp

在编程中，经常要处理的数据除了数值，还有字符，如“d”“B1”“3+6”“hello world!”。在 C++ 中，有两种数据类型用来处理字符数据——字符型 char 和字符串型 string。字符型 char 只能代表一个字符，如 char letter1 = 'A'。字符串型 string 既可以代表一个字符，也可以代表多个字符，如 string letter2 = "A"。尽管变量

letter1 和 letter2 的数据内容都是一个字符 A，但它们的数据类型是不同的，字符型的数据内容用单引号括起，而字符串型的数据内容用双引号括起。

要说明的是，string 严格来说是 C++ 标准库的一个类，因为它在使用上比 char 更灵活和方便，并且能够用于完成绝大多数的字符数据处理任务，所以本书将 string 当成 C++ 的基本数据类型来介绍。

思维导图

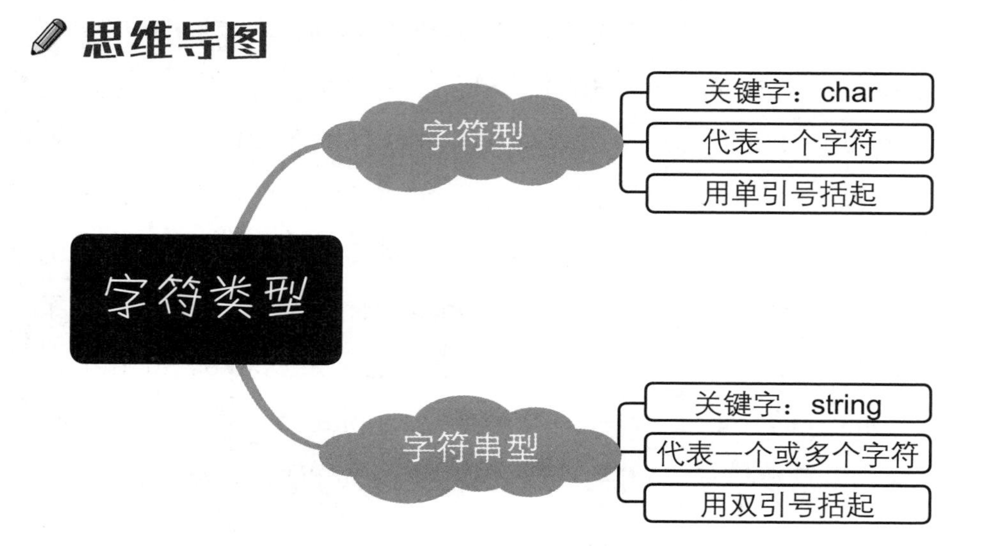

案例说明

下面以对学生的英文名进行排序为例，编写一个程序来帮助大家加深对字符串型的理解。打开编译器，输入如下代码。

代码解析

```
1  #include <iostream>
2  #include <string>        → 引入 string 头文件
3  using namespace std;
4  int main()
```

```
5   {
6       string name1, name2;     // 将变量 name1 和 name2 定义为字符串型
7       cout << "请输入第一个学生的英文名：";
8       cin >> name1;
9       cout << "请输入第二个学生的英文名：";
10      cin >> name2;
11      cout << "英文名排序结果：";
12      if(name1 < name2)
13          cout << name1 << "、" << name2;
14      else
15          cout << name2 << "、" << name1;
16      return 0;
17  }
```

比较输入的两个英文名字符串的大小，将较小者排列在前

保存以上代码后按【F11】键运行，依次输入两个学生的英文名，如 Mike 和 Magee，按【Enter】键确认，即可得到如下所示的运行结果。

运行结果

```
请输入第一个学生的英文名：Mike
请输入第二个学生的英文名：Magee
英文名排序结果：Magee、Mike
```

要点分析

1 因为学生的英文名通常不止一个字符，所以要使用字符串型的数据，而要使用该数据类型，要引入 string 头文件。本案例先

在第 2 行代码中引入 string 头文件，再在第 6 行代码中定义了两个 string 类型的变量。

2 在第 12 ～ 15 行代码中用到了双分支的 if-else 条件语句，相关知识将在第 51 ～ 53 页详细讲解，在这里大家只需要知道使用该条件语句能比较输入的字符串的大小并根据比较结果执行不同的操作。

3 比较两个字符串的大小就是依次比较两个字符串的每一个字符，而字符大小的比较其实比较的是字符的 ASCII 码。下面分析一下第 12 行代码中的比较式 name1 < name2 的比较过程：首先比较 name1 和 name2 的第一个字符的 ASCII 码，这里 name1 代表“Mike”，name2 代表“Magee”，第一个字符都是“M”，ASCII 码相同，所以继续比较第二个字符；“Mike”的第二个字符“i”的 ASCII 码为 105，比“Magee”的第二个字符“a”的 ASCII 码 97 大，因而比较式 name1 < name2 不成立，if-else 条件语句就根据此比较结果执行 else 下方的语句，先输出 name2，再输出 name1。

015 运算符：算术运算符

案　例　求解一元二次方程

文件路径　案例文件 \ 第 2 章 \ 算术运算符 .cpp

难度系数 ★★★☆☆

算术运算在现实生活中经常用到，如加、减、乘、除等。如果我们用 C++ 编程时需要进行算术运算，则要使用算术运算符。

思维导图

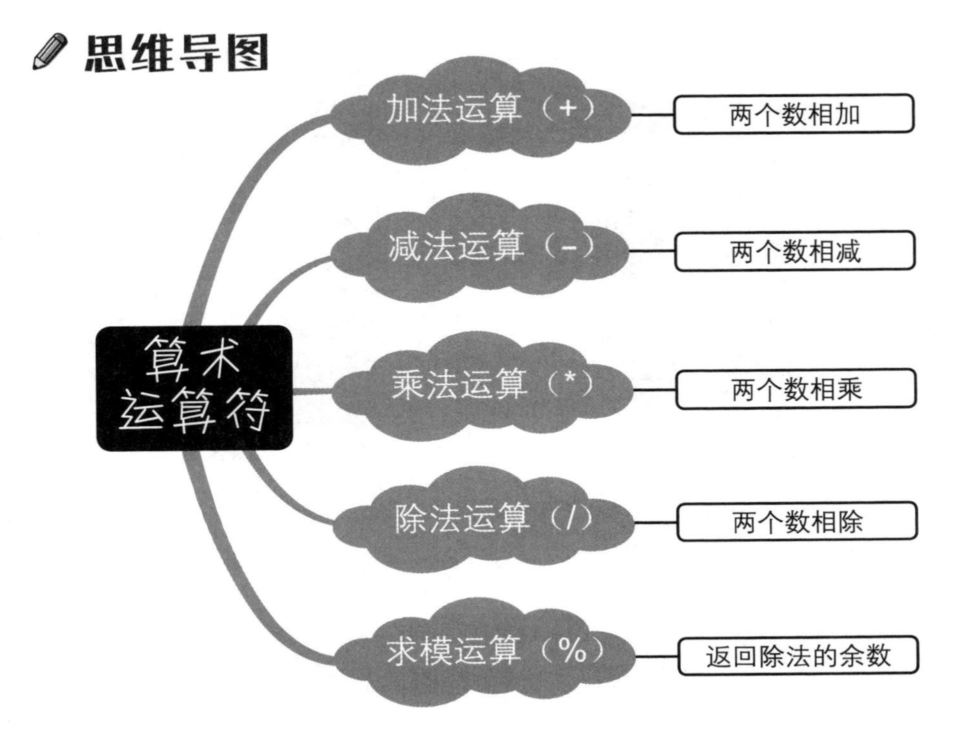

案例说明

已知一元二次方程 $ax^2+bx+c=0$ 的求根公式为 $x=\dfrac{-b\pm\sqrt{b^2-4ac}}{2a}$。下面编写一个小程序求一元二次方程 $x^2-5x+4=0$ 的根。打开编译器，输入如下代码。

代码解析

```
1  #include <iostream>
2  #include <cmath>        → 引入数学常用库 cmath
3  using namespace std;
4  int main()
5  {                       → 创建变量 a、b、c、x1、x2 并定义数据类型
6      double a, b, c, x1, x2;
```

```
7       a = 1;
8       b = -5;
9       c = 4;
10      x1 = (-b + sqrt(b * b - 4 * a * c)) / (2 * a);
11      x2 = (-b - sqrt(b * b - 4 * a * c)) / (2 * a);
12      cout << "x1 = " << x1 << endl;
13      cout << "x2 = " << x2 << endl;
14      return 0;
15  }
```


保存代码后按【F11】键运行，即可得到如下所示的运行结果。

运行结果

```
x1 = 4
x2 = 1
```

要点分析

1. C++ 没有提供进行开方的运算符，需要使用 sqrt 函数来实现开方。在第 10 行和第 11 行代码中，计算 b^2-4ac 的开方时就使用了 sqrt 函数。而 sqrt 函数存储在数学库 cmath 中，要使用该函数，就要在程序的头文件中引入该数学库，所以在第 2 行代码中引入了 cmath 库。

2. C++ 中算术运算符的优先级和数学计算中的优先级是一样的，都是从算式的左边开始计算，先执行乘法、除法和求模运算，再执行加法和减法运算。如果要改变运算顺序，可使用括号来实现，因为括号的优先级最高。第 10 行和第 11 行代码就是按照上述运算优先级编写的。

3 第 12 行和第 13 行代码中的 endl 是 end line 的缩写，表示换行，它通常配合 cout 语句使用。因此，第 12 行代码表示在输出 x1 的值后换行，第 13 行代码就会在新的一行中输出 x2 的值。

016　运算符：关系运算符

案　　例　判断学生成绩的等级

文件路径　案例文件 \ 第 2 章 \ 关系运算符 .cpp

在 C++ 中，如果想要比较两个值的大小，就要用到关系运算符。关系运算符常常和 if 语句、while 语句等结合使用，达到在满足特定条件时才执行操作的目的。

思维导图

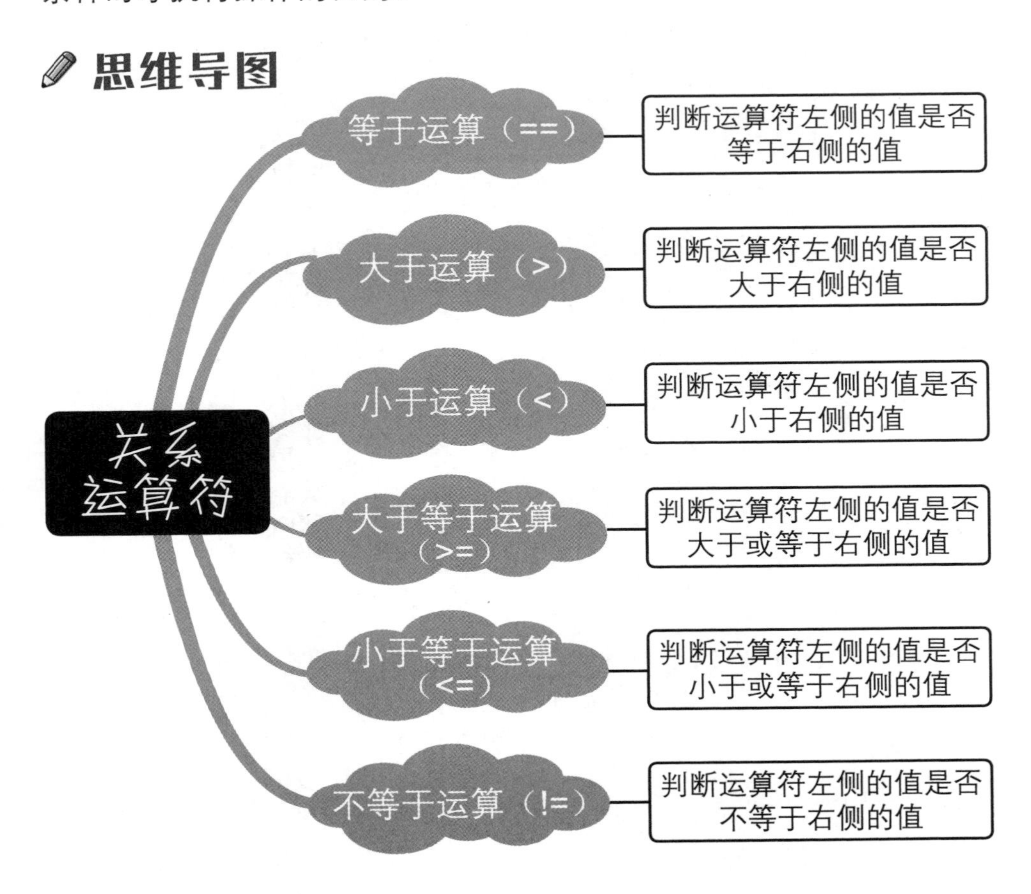

案例说明

假设要使用字母 A、B、C、D、E 为学生的成绩划分等级，下面就利用关系运算符编写一个程序，完成这项工作。打开编译器，输入如下代码。

代码解析

```
1  #include <iostream>
2  using namespace std;
3  int main()
4  {
5      float score;
6      cout << "请输入学生的成绩：";
7      cin >> score;
8      if (score >= 90)
9          cout << "成绩等级为A";
10     else if (score >= 80)
11         cout << "成绩等级为B";
12     else if (score >= 70)
13         cout << "成绩等级为C";
14     else if (score >= 60)
15         cout << "成绩等级为D";
16     else
17         cout << "成绩等级为E";
18     return 0;
19 }
```

为要创建的变量 score 定义数据类型，等运行时从键盘上输入一个值为其赋值

如果成绩大于或等于 90，则成绩等级为 A

如果成绩大于或等于 80 且小于 90，则成绩等级为 B

如果成绩大于或等于 70 且小于 80，则成绩等级为 C

如果成绩大于或等于 60 且小于 70，则成绩等级为 D

如果成绩小于 60，则成绩等级为 E

保存以上代码后按【F11】键运行，输入成绩，如 77，按【Enter】

键，即可得到如下所示的运行结果。

运行结果

```
请输入学生的成绩：77
成绩等级为C
```

要点分析

1. 第 8 ～ 17 行代码用到了多分支的 if-else 语句，相关知识将在第 53 ～ 57 页详细讲解，在这里大家只需要知道该语句能根据输入的成绩判断等级。但有一点需要注意，在使用该语句时，if 和 else 后的条件必须使用括号括起来。

2. 在 C++ 中，一行中可以书写多条语句，一条语句也可以分多行书写，这算是 C++ 编程的一个特色，但通常都是一行写一条语句。本案例中使用了多条件的分支语句，为了让代码更易于理解，将条件和要执行的操作分行书写。例如，第 8 行和第 9 行代码实际上属于同一条语句，所以在第 8 行代码的末尾没有输入分号，这两行代码也可以书写在同一行中。第 10 行和第 11 行代码、第 12 行和第 13 行代码、第 14 行和第 15 行代码、第 16 行和第 17 行代码也是相同的情况。

017　运算符：赋值运算符

案　　例　计算班费可以买多少桶水

文件路径　案例文件 \ 第 2 章 \ 赋值运算符 .cpp

难度系数　★★☆☆☆

在前面的学习中，我们其实已经多次用到了一个赋值运算符，那就是赋值运算符中最简单也最常用的“=”。当然，赋值运算符可不止这一个。下面就来全面地学习赋值运算符的知识吧。

思维导图

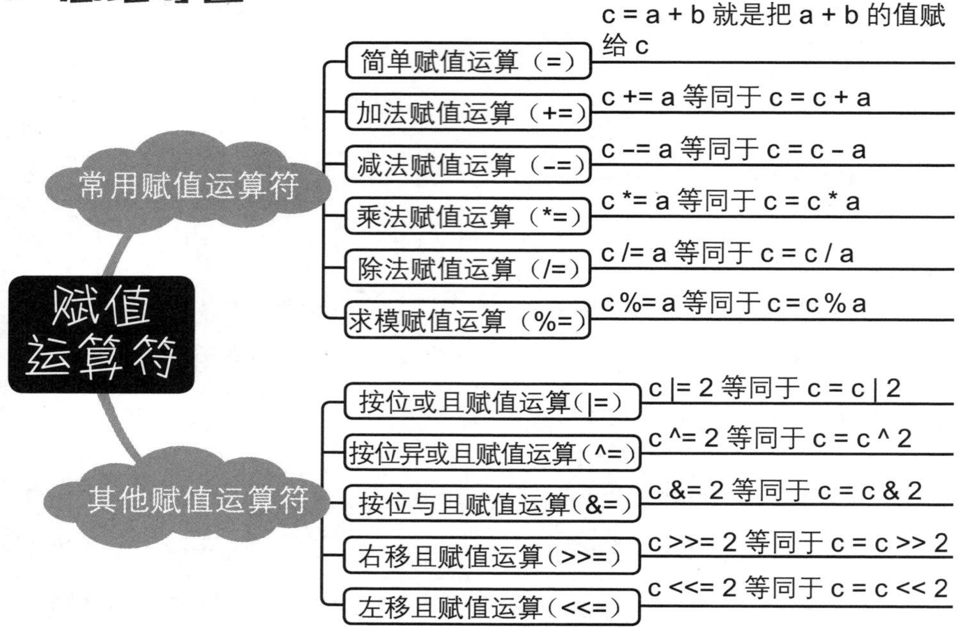

案例说明

假设桶装水价格为每桶 15 元，下面以计算班费可以买多少桶水为例，编写一个小程序来帮助大家加深对赋值运算符的理解。打开编译器，输入如下代码。

代码解析

```
1  #include <iostream>
2  using namespace std;
3  int main()
4  {
```

```
5       int money, cost;
6       cout << "请输入班费的总金额: ";
7       cin >> money;
8       cost = 15;
9       money /= cost;
10      cout << "可以买" << money << "桶水";
11      return 0;
12  }
```

程序运行时从键盘上输入班费的总金额

将每桶水的价格赋给变量 cost

计算班费能买多少桶水

保存以上代码后按【F11】键运行，输入班费的总金额，如 500，按【Enter】键，即可得到如下所示的运行结果。

运行结果

```
请输入班费的总金额: 500
可以买33桶水
```

要点分析

1 在第 9 行代码中，money /= cost 等同于 money = money / cost，其中，money 的值为第 7 行代码运行时从键盘上输入的一个值，cost 的值为第 8 行代码中赋予的 15。

2 在数学中，两个数相除得到的结果不一定是整数，也可能是小数。但是第 5 行代码将变量的数据类型都定义为整型，所以第 9 行代码中除法运算得到的结果会自动舍弃小数部分，只保留整数部分。

3 初学者需要特别注意的是，赋值运算符“=”和关系运算符“==”

在功能上完全不同，前者是将符号右侧的值赋给左侧，后者则是比较符号左侧和右侧的值是否相等，千万不要混淆。

018 运算符：逻辑运算符

案　　例　判断任意三条边能否构成三角形

文件路径　案例文件 \ 第 2 章 \ 逻辑运算符 .cpp

在生活中，我们有时需要综合判断多个条件才能做决定。在编程时，要完成多个条件的综合判断，仅使用前面介绍的比较运算符是无法做到的，还需要使用逻辑运算符将多个条件连接起来，组成更复杂的条件。

思维导图

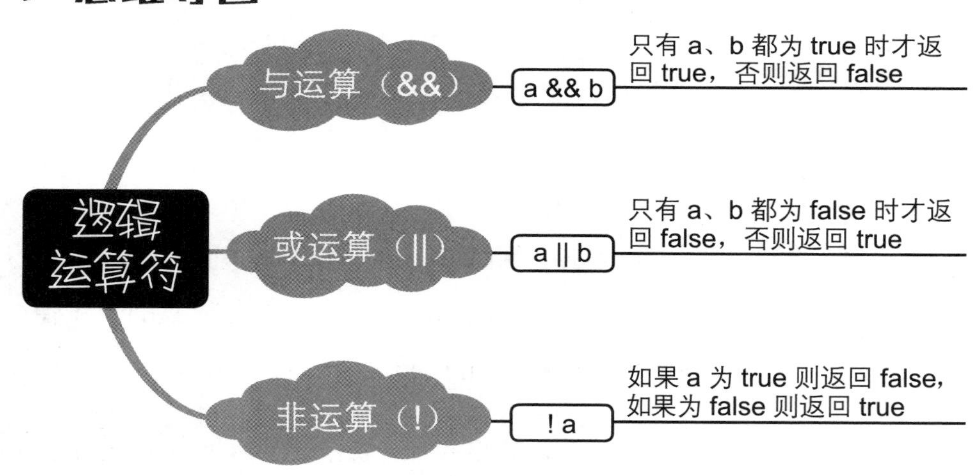

案例说明

三角形的构成条件是任意两条边的边长之和大于第三边的边长，下面就利用逻辑运算符编写一个小程序，判断用户输入的三条边的边长能否构成三角形。打开编译器，输入如下代码。

代码解析

```
#include <iostream>
using namespace std;
int main()
{
    double a, b, c;
    cout << "请输入三个边长值：";
    cin >> a >> b >> c;
    if(a + b > c && a + c > b && b + c >a)
        cout << "能构成三角形";
    else
        cout << "不能构成三角形";
    return 0;
}
```

创建变量 a、b、c 并定义数据类型，等运行时通过键盘输入为变量赋值

只有同时满足这三个条件，才能构成三角形

以上三个条件中只要有一个条件不满足，就不能构成三角形

保存以上代码后按【F11】键运行，输入三个边长值，边长值之间用空格分开，按【Enter】键，即可得到如下所示的运行结果。

运行结果

```
请输入三个边长值：5 8 10
能构成三角形
```

要点分析

1 在前面的案例中，使用 cin 语句时都是只为一个变量赋值，本案例则使用一条 cin 语句为三个变量赋值。按【F11】键运行程序后，输入三个边长值时要用空格分开，再按【Enter】键完成

输入。也可以每输入一个边长值就按【Enter】键。两种输入方式得到的运行结果是一样的。

2 第 8 行代码用到了逻辑运算符中的与运算符（&&），表示用 && 连接起来的三个条件都成立，也就是任意两个边长值之和都大于第三个边长值，才能构成三角形。

3 第 8 ～ 11 行代码用到了双分支的 if-else 条件语句，相关知识将在第 51 ～ 53 页详细讲解，这里大家只需要知道使用该条件语句能判断三个边长值能否构成三角形。

019　特殊运算符：自增、自减

案　　例　预测未来的学费

文件路径　案例文件 \ 第 2 章 \ 自增、自减运算符 .cpp

通过前面的学习，我们知道如果要让一个变量的值增加 1 或减少 1，可以使用赋值运算符来实现。其实在 C++ 中，还可以使用自增、自减运算符来让变量的值自增 1 或自减 1，使用起来比赋值运算符更方便。下面就来学习这两个特殊的运算符吧。

思维导图

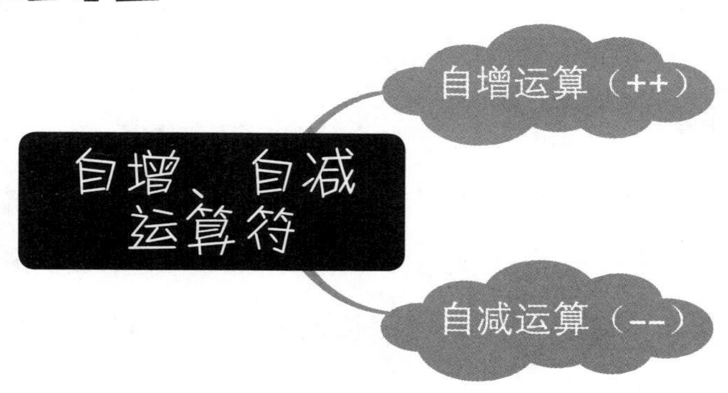

自增、自减运算符的名称及相关说明如表 2-3 所示。

表2-3

运算符	名称	类别	示例	说明
++	自增运算	前自增	b = ++a	先将变量 a 的值增加 1，再将增加后的值赋给变量 b
		后自增	b = a++	先将变量 a 的值赋给变量 b，再将变量 a 的值增加 1
--	自减运算	前自减	b = --a	先将变量 a 的值减少 1，再将减少后的值赋给变量 b
		后自减	b = a--	先将变量 a 的值赋给变量 b，再将变量 a 的值减少 1

案例说明

假设今年的学费是 500 元，此后每一年的学费都将在上一年的基础上增加 10%，下面编写一个小程序计算多少年后学费会翻倍（即达到或超过 1000 元），以此来帮助大家加深对自增、自减运算符的理解。打开编译器，输入如下代码。

代码解析

```
1  #include <iostream>
2  using namespace std;
3  int main()
4  {
5      double money = 500;
6      int year = 0;
7      while (money < 1000)
8      {
9          year++;
10         money *= (1 + 0.1);
```

为学费和年份创建变量，并定义数据类型和赋初始值

表示当学费小于 1000 元时执行循环，当学费大于或等于 1000 元时则停止循环

表示年份每增加一年，学费就在上一年的基础上增加 10%

```
11        }
12        cout << year << "年后学费将翻倍" << endl;
13        cout << year << "年后学费将是" << money << "元"
          << endl;
14        return 0;
15    }
```

保存以上代码后按【F11】键运行，运行结果如下所示。

运行结果

```
8年后学费将翻倍
8年后学费将是1071.79元
```

要点分析

1 第 5 行代码创建了变量 money，代表学费，并赋初始值为 500，即今年的学费，作为学费增加的起点。第 6 行代码创建了变量 year，代表年份，因为明年是开始增加学费的第一年，所以将变量 year 的初始值赋为 0，即今年的年份，作为年份增加的起点。

2 第 7 ～ 11 行代码中用到了 while 循环语句，相关知识将在第 71 ～ 74 页详细讲解。

3 第 9 行代码 year++ 表示让变量 year 的值自增 1，等同于 year = year + 1。因为这里只需要让变量 year 的值自增，不需要进行其他操作，所以也可以写成前自增 ++year。需要注意的是，自增、自减运算只能对变量使用，不能对常量使用，如 5++、5-- 就是错误的。

第 3 章

C++ 分支语句

有时一个问题针对不同的情况会有不同的处理方法，为了解决这类问题，C++ 提供了分支语句。分支语句不是按照语句的先后顺序依次执行，而是依据指定的条件是否成立来选择执行的路径。本章将讲解 C++ 中的单分支 if 语句、双分支 / 多分支 if-else 语句、switch 语句，以及分支语句的嵌套。

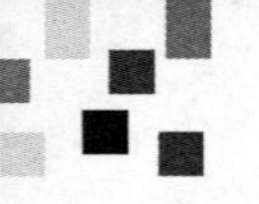

020 单分支 if 语句

案 例 今天天气如何

文件路径 案例文件 \ 第 3 章 \ 单分支 if 语句 .cpp

在 C++ 中，如果想要在条件为真时执行特定的操作，而在条件为假时跳过该特定操作，可以使用单分支的 if 语句。下面就来学习单分支 if 语句的知识吧。

思维导图

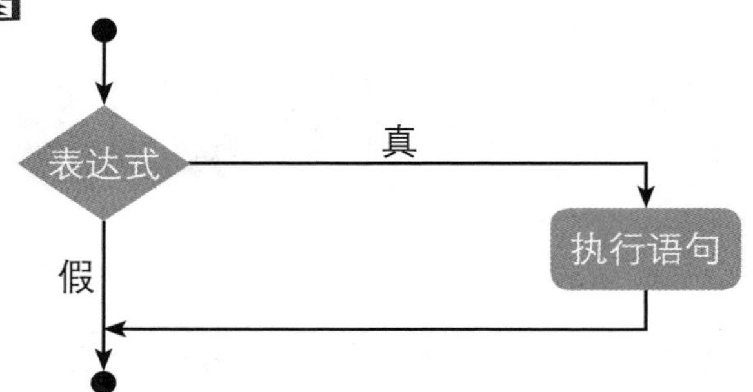

案例说明

下面利用 if 语句编写一个小程序，根据温度判断天气情况。打开编译器，输入如下代码。

代码解析

```
1  #include <iostream>
2  using namespace std;
3  int main()
4  {
5      double a;
6      cout << "请输入今天的温度(℃)：";
```

```
7        cin >> a;
8        if (a <= 20)
9        {
10           cout << "天气太冷";
11       }
12       if (a > 20 && a < 30)
13       {
14           cout << "天气舒适";
15       }
16       if (a >= 30)
17       {
18           cout << "天气太热";
19       }
20       return 0;
21   }
```

如果温度小于或等于 20℃，则判定“天气太冷”

如果温度在 20 ~ 30℃（不含 20℃和 30℃），则判定“天气舒适”

如果温度大于或等于 30℃，则判定“天气太热”

保存以上代码后按【F11】键运行，输入今天的温度，如 22.8，按【Enter】键，即可得到如下所示的运行结果。

运行结果

```
请输入今天的温度(℃)：22.8
天气舒适
```

要点分析

1 单分支 if 语句的语法如下：

if （表达式）

```
{
    语句;
}
```

2 if 语句后的圆括号不能省略，括号内的表达式代表条件，在“)”的后面不需要输入分号。如果表达式的值为真（true），则执行被“{}”包围的语句；如果表达式的值为假（false），则跳过被“{}”包围的语句，执行“}”下方的语句。

3 if 语句可以多次使用，且多个 if 语句后的条件属于并列关系。例如，第 8 ～ 19 行代码中就有 3 个 if 条件：如果第 8 行中的 if 条件成立，则执行第 10 行代码中的语句；如果第 12 行中的 if 条件成立，则执行第 14 行代码中的语句；如果第 16 行中的 if 条件成立，则执行第 18 行代码中的语句。

4 被“{}”包围的语句如果有多条，则“{}”不能省略；如果只有一条，则“{}”可省略，甚至可以将 if 条件和要执行的语句写在同一行中。例如，第 8 ～ 11 行代码可以改写成如下两种形式。

形式一：
```
if (a <= 20)
    cout << "天气太冷";
```

形式二：
```
if (a <= 20) cout << "天气太冷";
```

5 为了让程序显得结构清晰且易于阅读，这里在书写被“{}”包围的语句时，在语句前使用了缩进。可以按【Tab】键或空格键来缩进，本书推荐使用【Tab】键来缩进。此外，Dev-C++ 会自动根据正在输入的代码进行缩进。

021　双分支 if-else 语句

案　例　判断成绩是否优秀

文件路径　案例文件 \ 第 3 章 \ 双分支 if-else 语句 .cpp

难度系数 ★★★☆☆

如果想要在条件为真时执行一种操作，在条件为假时执行另一种操作，就需要使用 C++ 中的双分支 if-else 语句。下面就来学习双分支 if-else 语句的知识吧。

思维导图

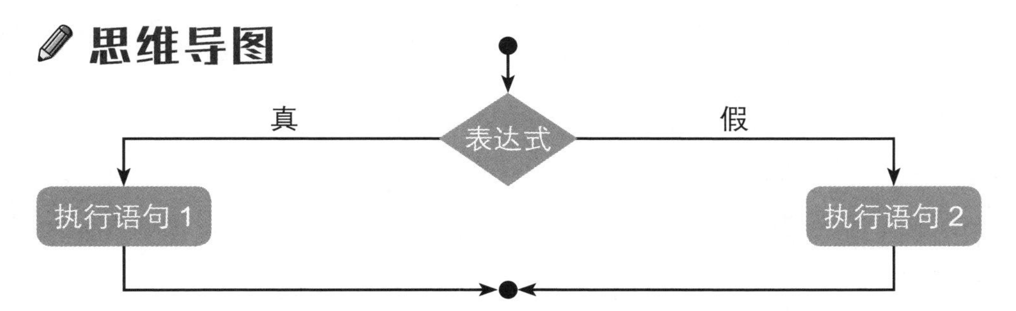

案例说明

下面利用双分支 if-else 语句编写一个小程序，判断输入的成绩是否达到优秀等级。打开编译器，输入如下代码。

代码解析

```
1  #include <iostream>
2  using namespace std;
3  int main()
4  {
5      float score;
6      cout << "请输入学生成绩：";
7      cin >> score;
```

```
 8      if (score >= 90)
 9      {
10          cout << "优秀！";
11      }
12      else
13      {
14          cout << "还需继续努力！";
15      }
16      return 0;
17  }
```

如果成绩大于或等于90，则优秀

如果成绩小于90，则需要继续努力

保存以上代码后按【F11】键运行，输入学生成绩，如 88，按【Enter】键，即可得到如下所示的运行结果。

运行结果

```
请输入学生成绩：88
还需继续努力！
```

要点分析

1 双分支 if-else 语句的语法如下：

```
if（表达式）
{
    语句 1;
}
else
{
```

```
        语句 2;
    }
```

2 双分支 if-else 语句的执行流程是：如果表达式的值为真，则执行语句 1，否则执行语句 2。该语句可用 if 语句改写，例如，第 12 行代码中的“else”可以用代码“if (score < 90)”来代替，得到的运行结果是相同的。

3 if-else 语句中的“{}”同样可以根据情况省略。例如，第 8 ～ 15 行代码的两处“{}”中都只有一条语句，所以可以改写成如下两种形式。

形式一：

```
if (score >= 90)
    cout << "优秀！";
else
    cout << "还需继续努力！";
```

形式二：

```
if (score >= 90) cout << "优秀！";
else cout << "还需继续努力！";
```

022　多分支 if-else 语句

案　　例　了解你的身体健康状况

文件路径　案例文件 \ 第 3 章 \ 多分支 if-else 语句 .cpp

if-else 语句适用于要判断并执行两种不同操作的情况，如果要执行的操作还有更多，就要使用可以进行多条件判断的多分支 if-else 语句。

思维导图

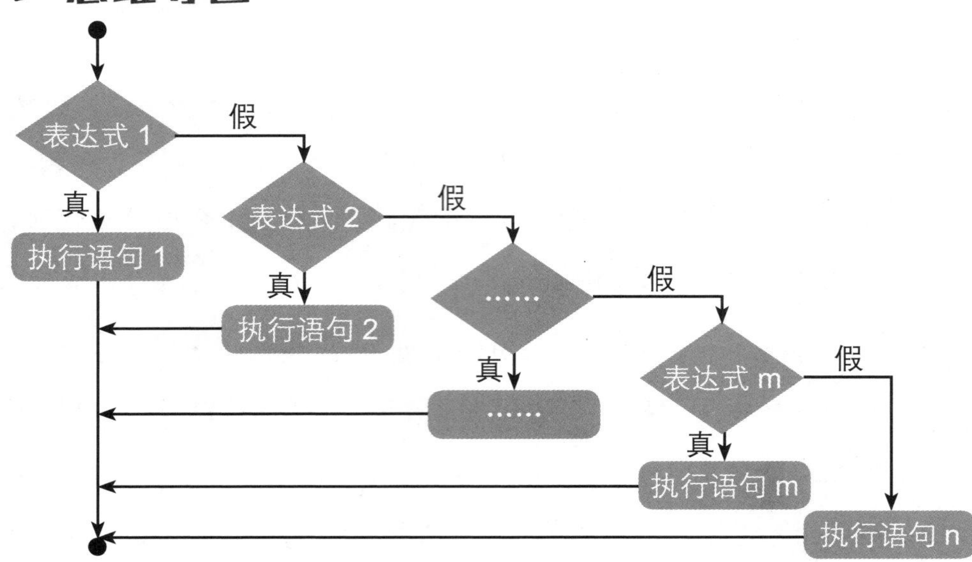

案例说明

已知身体质量指数（BMI）的计算公式为 BMI= 体重 / 身高 ^{2}（体重的单位为“千克”，身高的单位为“米”）。BMI ＜ 18.5 为“偏瘦”，18.5 ⩽ BMI ＜ 24 为“正常”，24 ⩽ BMI ＜ 28 为“偏胖”，BMI ⩾ 28 为“肥胖”。下面利用多分支 if-else 语句编程，通过计算 BMI 判断胖瘦情况。打开编译器，输入如下代码。

代码解析

```
1  #include <iostream>
2  using namespace std;
3  int main()
4  {
5      double height, weight, bmi;
6      cout << "请输入你的身高(米)：";
```

```
7       cin >> height;
8       cout << "请输入你的体重(千克): ";
9       cin >> weight;
10      bmi = weight / (height * height);
11      cout << "BMI数值: " << bmi << endl;
12      if (bmi < 18.5)
13          cout << "偏瘦";
14      else if (bmi < 24)
15          cout << "正常";
16      else if (bmi < 28)
17          cout << "偏胖";
18      else
19          cout << "肥胖";
20      return 0;
21  }
```

使用公式计算 BMI 并输出到屏幕上

将根据 BMI 判断胖瘦情况的过程通过多分支 if–else 语句表达出来

保存以上代码后按【F11】键运行，输入身高，如 1.6，按【Enter】键，然后输入体重，如 53，按【Enter】键，即可得到如下所示的运行结果。

运行结果

```
请输入你的身高(米): 1.6
请输入你的体重(千克): 53
BMI数值: 20.7031
正常
```

要点分析

1 多分支 if-else 语句的语法如下：

```
if (表达式1)
{
    语句1;
}
else if (表达式2)
{
    语句2;
}
…
else if (表达式m)
{
    语句m;
}
else
{
    语句n;
}
```

2 多分支 if-else 语句其实就是嵌套的 if-else 语句，也就是说，第 12 ～ 19 行代码等同于下面所示的代码。不过在实践中更推荐使用多分支的 if-else 语句，因为它避免了层次过多的嵌套，使得代码更易阅读和理解。分支语句的嵌套知识将在第 57 ～ 62 页详细讲解。

```
if (bmi < 18.5)
```

```
        cout << " 偏瘦 ";
    else
        if (bmi < 24)
            cout << " 正常 ";
        else
            if (bmi < 28)
                cout << " 偏胖 ";
            else
                cout << " 肥胖 ";
```

3 本案例中多分支 if-else 语句的执行流程是：先验证第一个条件（bmi<18.5），如果为真，则输出“偏瘦”；否则验证第二个条件（bmi<24），如果为真，则输出“正常”；否则验证第三个条件，依次类推，直至满足某个条件或者所有条件均被验证为假；如果所有条件均为假，则输出“肥胖”。需要注意的是，执行多分支 if-else 语句时，一个条件被验证到的前提是该条件前面的所有条件均为假，而不是在该条件前面的所有条件均为真时再去验证该条件。

023　分支语句的嵌套

案　　例　坐出租车去游乐园要多少钱

文件路径　案例文件 \ 第 3 章 \ 分支语句的嵌套 .cpp

前面学习的多分支 if-else 语句实际上是分支语句的一种嵌套形式。在 C++ 中，分支语句还有其他类型的嵌套方式，能够实现更加复杂的判断和选择。下面就来学习分支语句的多种嵌套方式吧。

思维导图

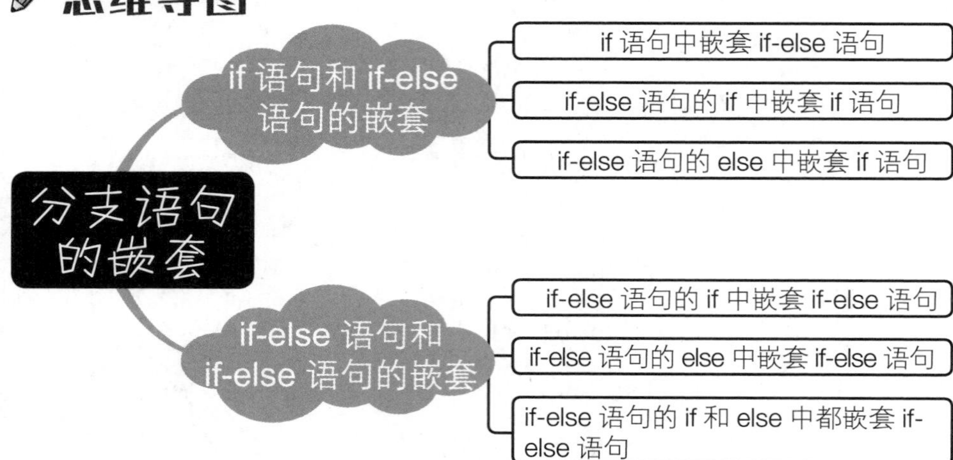

分支语句的嵌套类型、嵌套方式及语法如表 3-1 所示。

表3-1

嵌套类型	嵌套方式	语法

if 语句和 if-else 语句的嵌套	if 语句中嵌套 if-else 语句	if (表达式 1)
		{
		    if(表达式 2)
		    {
		        语句 1;
		    }
		    else
		    {
		        语句 2;
		    }
		}

	if-else 语句的 if 中嵌套 if 语句	if (表达式 1)
		{
		    if (表达式 2)
		    {
		        语句 1;
		    }
		}
		else
		{
		    语句 2;
		}

续表

<table>
<tr><th>嵌套类型</th><th>嵌套方式</th><th>语法</th></tr>
<tr><td>if 语句和 if-else 语句的嵌套</td><td>if-else 语句的 else 中嵌套 if 语句</td><td>if (表达式 1)
{
　语句 1;
}
else
{
　if (表达式 2)
　{
　　语句 2;
　}
}</td></tr>
<tr><td rowspan="2">if-else 语句和 if-else 语句的嵌套</td><td>if-else 语句的 if 中嵌套 if-else 语句</td><td>if (表达式 1)
{
　if (表达式 2)
　{
　　语句 1;
　}
　else
　{
　　语句 2;
　}
}
else
{
　语句 3;
}</td></tr>
<tr><td>if-else 语句的 else 中嵌套 if-else 语句</td><td>if (表达式 1)
{
　语句 1;
}
else
{
　if (表达式 2)
　{
　　语句 2;
　}
　else
　{
　　语句 3;
　}
}</td></tr>
</table>

续表

嵌套类型	嵌套方式	语法

if-else 语句和 if-else 语句的嵌套	if-else 语句的 if 和 else 中都嵌套 if-else 语句	if (表达式 1)
		{
		　if (表达式 2)
		　{
		　　语句 1;
		　}
		　else
		　{
		　　语句 2;
		　}
		}
		else
		{
		　if (表达式 3)
		　{
		　　语句 3;
		　}
		　else
		　{
		　　语句 4;
		　}
		}

案例说明

假设出租车的计价方式是：起步价 8 元 2 千米；超过 2 千米之后超出部分按 2 元 / 千米计价；超过 10 千米之后超出部分按 2.5 元 / 千米计价。下面利用分支语句的嵌套编程计算坐出租车去游乐园要花多少钱。打开编译器，输入如下代码。

代码解析

```
1  #include <iostream>
2  using namespace std;
```

```
3   int main()
4   {
5       double km, cost;
6       cout << "到游乐园的路程(千米): ";
7       cin >> km;
8       if(km > 2)
9       {
10          if(km > 10)
11              cost = 8 + (10 - 2) * 2 + (km - 10)
                * 2.5;
12          else
13              cost = 8 + (km - 2) * 2;
14      }
15      else
16          cost = 8;
17      cout << "出租车费(元): " << cost;
18      return 0;
19  }
```

若路程超过 2 千米，则进一步根据路程是否超过 10 千米计算车费

若路程超过 10 千米，则车费为三部分费用之和：起步价 8 元；8 千米的费用，按 2 元 / 千米计价；超出 10 千米的费用，按 2.5 元 / 千米计价

若路程超过 2 千米但未超过 10 千米，则车费为两部分费用之和：起步价 8 元；超出 2 千米的费用，按 2 元 / 千米计价

若路程在 2 千米内（含 2 千米），则车费为起步价 8 元

保存以上代码后按【F11】键运行，输入到游乐园的路程，如 13，按【Enter】键，即可得到如下所示的运行结果。

运行结果

```
到游乐园的路程(千米): 13
出租车费(元): 31.5
```

要点分析

1. 第 8 ～ 16 行代码为外层 if-else 分支语句，第 10 ～ 13 行代码为内层 if-else 分支语句，嵌套在外层 if-else 分支语句的 if 中。要执行内层的 if-else 语句，必须先满足外层的 if 条件，也就是说，只有满足第 8 行代码的 if 条件，才会执行第 10 ～ 13 行代码。

2. 在 C++ 中编写嵌套条件语句时，只要没有违反语法规则，是可以嵌套任意多个条件语句的。但是，当嵌套的条件语句多于三层时，代码就会不便于阅读，而且容易忽略一些可能性。因此，应尽量将嵌套条件语句拆分为多个 if 语句或其他类型的语句。

024 switch 语句的基本用法

案　　例　你参加的是哪项比赛

文件路径　案例文件 \ 第 3 章 \switch 语句的基本用法 .cpp

C++ 提供了一种用于多分支选择的 switch 语句，当需要判断的条件较多时，使用该语句能够让程序更易于理解。下面就来学习 switch 语句的基本用法吧。

思维导图

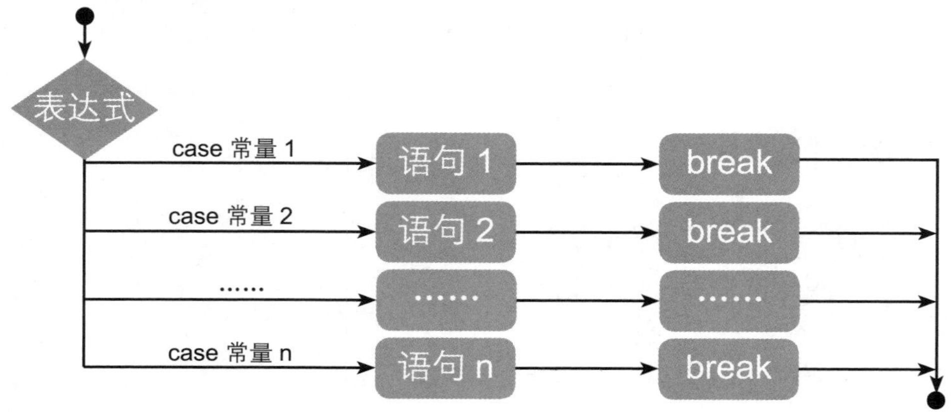

案例说明

某学校将要举行田径运动会，对各个比赛项目做了编号：1. 跳高，2. 跳远，3.4×100 米接力跑，4.4×400 米接力跑，5.100 米跑，6.200 米跑，7.400 米跑，8.800 米跑，9. 铅球，10. 铁饼。下面利用 switch 语句编写一个小程序，根据输入的编号输出对应的比赛项目名称。打开编译器，输入如下代码。

代码解析

```
1   #include <iostream>
2   using namespace std;
3   int main()
4   {
5       int number;
6       cout << "输入你参加的比赛项目的编号：";
7       cin >> number;
8       switch (number)
9       {
10          case 1: cout << "跳高"; break;
11          case 2: cout << "跳远"; break;
12          case 3: cout << "4×100米接力跑"; break;
13          case 4: cout << "4×400米接力跑"; break;
14          case 5: cout << "100米跑"; break;
15          case 6: cout << "200米跑"; break;
16          case 7: cout << "400米跑"; break;
17          case 8: cout << "800米跑"; break;
18          case 9: cout << "铅球"; break;
```

根据输入的项目编号输出对应的比赛项目名称

```
19            case 10: cout << "铁饼"; break; ↵
20        }
21        return 0;
22    }
```

保存以上代码后按【F11】键运行，输入比赛项目编号，如 5，按【Enter】键，即可得到如下所示的运行结果。

运行结果

```
输入你参加的比赛项目的编号：5
100米跑
```

要点分析

1 switch 语句的基本语法如下：

```
switch (表达式)
{
    case 常量1:
        语句1;
        break;
    case 常量2:
        语句2;
        break;
    …
    case 常量n:
        语句n;
```

```
        break;
}
```

2 使用 switch 语句的规则和注意事项如下：

- switch 后表达式的类型必须与 case 后常量的类型相同；
- case 后必须是常量，不能是变量，并且这个常量必须是整型或字符型，而不能是浮点型，因为浮点型会因为精度不准确而产生错误；
- 各 case 后的常量值必须互不相同；
- case 与其后的常量之间至少要隔一个空格；
- case 常量后是一个冒号，而不是分号，这一点需要特别注意。

3 在运行时，switch 是分支的入口，然后用表达式的值逐一和各个 case 后的常量进行匹配，有匹配成功的就执行该 case 下的语句，若遇到 break 语句则跳出 switch 语句。在本案例中，输入的编号如果为 5，则与第 14 行代码中 case 后的常量相匹配，所以继续执行后面的 cout 语句，输出比赛项目的名称“100 米跑”，接着又遇到了 break 语句，所以跳出 switch 语句，分支结束。需要注意的是，在需要使用 break 语句的地方不要遗漏。本案例第 10 ～ 19 行代码中，每个 case 后都有 break 语句，它们都不能省略。

025　switch 语句的其他应用

案　　例 查询某月的天数

文件路径 案例文件 \ 第 3 章 \switch 语句的其他应用 .cpp

难度系数 ★★★★☆

在上一节的案例中，我们只考虑了匹配成功后要执行的操作，而没有考虑所有匹配都不成功时要如何处理。也就是说，如果输入的数字不是 1 ～ 10 范围内的整数，则不会执行任何操作。如果想要在所有条件均不匹配时执行指定操作，就必须在 switch 语句中加上 default 语句。

思维导图

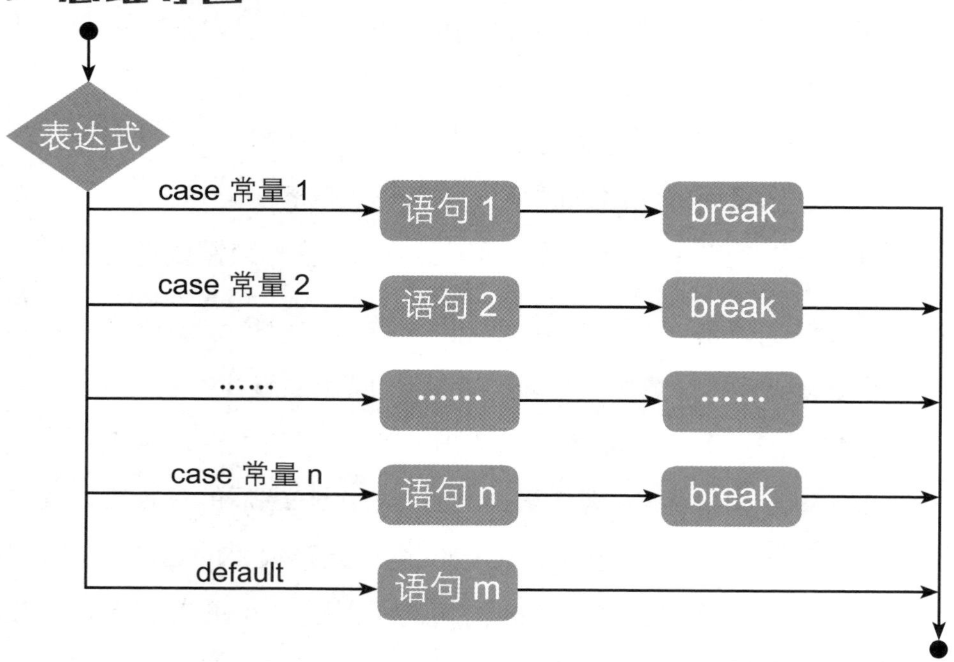

案例说明

按照公历的规定，1 月、3 月、5 月、7 月、8 月、10 月、12 月，每月有 31 天；4 月、6 月、9 月、11 月，每月有 30 天；2 月在平年时有 28 天，在闰年时有 29 天。下面利用带 default 语句的 switch 语句编写一个小程序，根据输入的月份显示该月有多少天。打开编译器，输入如下代码。

代码解析

```
1   #include <iostream>
2   using namespace std;
3   int main()
4   {
5       int month;
6       cout << "请输入月份：";
7       cin >> month;
8       switch (month)
9       {
10          case 1:
11          case 3:
12          case 5:
13          case 7:
14          case 8:
15          case 10:
16          case 12:
17              cout << month << "月有31天";
18              break;
19          case 2:
20              cout << month << "月有28天或29天";
21              break;
22          case 4:
23          case 6:
24          case 9:
25          case 11:
26              cout << month << "月有30天";
```

如果输入的月份是 1、3、5、7、8、10、12，则输出该月的天数为 31 天

如果输入的月份是 2，则输出该月的天数为 28 天或 29 天

如果输入的月份是 4、6、9、11，则输出该月的天数为 30 天

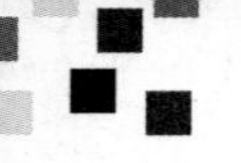


```
27                break;
28            default:
29                cout << "月份输入错误！";
30        }
31        return 0;
32    }
```

如果输入的月份与所有 case 后的常量都不匹配，则提示月份输入错误

保存以上代码后按【F11】键运行，输入月份，如 2，按【Enter】键，即可得到如下所示的运行结果。

运行结果

```
请输入月份：2
2月有28天或29天
```

要点分析

1 带 default 语句的 switch 语句的语法如下：

```
switch （表达式）
{
    case 常量 1:
        语句 1;
        break;
    case 常量 2:
        语句 2;
        break;
    …
    case 常量 n:
```

```
        语句 n;
        break;
    default:
        语句 m;
}
```

2 在 switch 语句中，并不是每一个 case 语句后都需要 break 语句。如果 case 语句后没有 break 语句，将会继续执行后续的 case 语句，而不管表达式的值和这些 case 语句的常量是否匹配，直到遇到 break 语句为止。以本案例为例，假设输入的月份数字是 8，则 switch 分支会跳转到第 14 行代码的 case 语句，因为没有遇到 break 语句，所以会继续执行后续的 case 语句，而不管数字 8 和这些 case 语句的常量是否匹配，执行到第 16 行代码的 case 语句时，会接着执行第 17 行代码的 cout 语句，输出该月的天数，随后遇到第 18 行代码的 break 语句，就跳出 switch 语句。这也是上一节案例的代码中，每个 case 后的 break 语句都不能省略的原因。

3 default 语句用于指出当表达式的值与所有 case 语句的常量都不匹配时要执行的语句。default 语句是可选的，如果不写该语句，则表示当表达式的值与所有 case 语句的常量都不匹配时不执行任何操作。它的作用就像 if-else 语句中的 else。在本案例中，如果输入的值不是 1 ～ 12 范围内的整数，则 switch 分支会跳转到第 28 行代码的 default 语句，然后执行第 29 行代码的 cout 语句，输出“月份输入错误！”。

第 4 章

C++ 循环语句

在编程中，有时需要重复执行一组操作，直到满足某个条件为止，这种重复操作在编程中称为循环。本章将讲解 C++ 中的 3 种循环语句，即 while、do-while、for，此外还将讲解 break、continue、goto 等配合循环语句使用的语句，以及循环语句之间的嵌套、循环语句和分支语句的嵌套。

026　while 循环语句

案　　例　计算棋盘上的米粒总数

文件路径　案例文件 \ 第 4 章 \while 循环语句 .cpp

让一个人不停地重复做同一件事是很枯燥的，时间久了还会因为疲倦而产生或大或小的错误。但计算机不怕重复，同样的事不管需要重复多少遍，它都会一丝不苟、不知疲倦地完成，直到达到预定的目标或完成预定的次数为止。在 C++ 中，要让计算机重复执行指定的操作，就要使用循环语句。有了循环语句，计算机运算速度快、不怕枯燥、不易犯错等优点才能凸显出来。下面先来学习循环语句中的 while 语句，它能在指定条件成立时重复地执行指定的操作。

思维导图

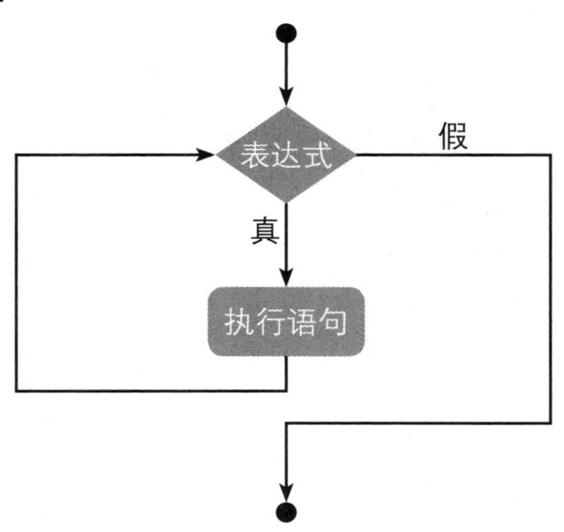

案例说明

国际象棋的棋盘有 8 行×8 列共 64 格。假设在第 1 格中放 1 粒米，在第 2 格中放 2 粒米，在第 3 格中放 4 粒米，以后每格中都放数量为前一格 2 倍的米粒，直到 64 个格子都放上米粒，求最终棋盘上

的米粒总数。这道题如果用人工计算，计算量是相当大的。下面利用 while 语句编写程序，很快就能得出计算结果。打开编译器，输入如下代码。

代码解析

```
1  #include <iostream>
2  #include <iomanip>
3  #include <cmath>          →引入头文件 iomanip 和 cmath
4  using namespace std;
5  int main()
6  {
7      long double sum, a;
8      int i = 1;            →为变量 i 赋初始值 1，即从第 1 格开始计算
9      sum = 0;
10     while(i <= 64)        →当变量 i 的值小于或等于 64 时，循环执行下方的循环体
11     {
12         a = pow(2, i-1);  →计算第 i 格的米粒数
13         sum += a;         →将第 i 格的米粒数累加到米粒总数中
14         i++;              →让变量 i 的值自增 1，即移至下一个格子
15     }
16     cout << fixed;        →强制让输出值使用小数，防止使用科学计数法
17     cout << setprecision(0); →控制输出值小数点后面的位数
18     cout << "64个格子中的米粒总数：" << sum;
19     return 0;
20  }
```

保存以上代码后按【F11】键运行，即可得到如下所示的运行结果。

运行结果

```
64个格子中的米粒总数：18446744073709551615
```

要点分析

1 while 循环语句的语法如下：

```
while ( 表达式 )
{
    语句 ;
}
```

其中，“()”内的表达式又称为循环条件；“{}”内是要重复执行的语句，又称为循环体。在执行时，while 循环语句会先计算表达式的值，然后根据表达式的值是真还是假决定是否执行循环体，每执行完一次循环体，都会检查表达式的值，再根据检查结果决定是否执行循环体。所以，如果表达式的值一开始就为假，则循环体一次也不执行。此外，如果循环体只有一条语句，则可省略“{}”；如果不止一条语句，就必须使用“{}”将多条语句括起来。

2 因为是从第 1 格开始放置米粒，所以在第 8 行代码中，为代表循环次数的变量 i 赋予的初始值为 1。因为国际象棋的棋盘有 64 格，所以第 10 行代码中设定 while 循环语句的循环条件为循环次数 i 小于或等于 64。这样就实现了从第 1 格开始放置米粒，直到放置完第 64 格的米粒后停止循环。

3 根据放置规则，第 1 格的米粒数 $= 1 = 2^0 = 2^{1-1}$，第 2 格的米粒数 $= 1\times2 = 2^1 = 2^{2-1}$，第 3 格的米粒数 $= 2\times2 = 2^2 = 2^{3-1}$，

依次类推。由此可归纳出计算公式：第 i 格的米粒数 = 2^{i-1}。这个公式需要进行求幂运算，在 C++ 中，求幂运算要用到 pow 函数，第 12 行代码中的 a = pow(2, i-1) 就等同于 a = 2^{i-1}。为了使用 pow 函数，在程序开头的第 3 行代码中引入了头文件 cmath。

4 第 7 行代码中定义的变量 sum 和 a 分别代表棋盘上的米粒总数和当前格子的米粒数，这些数字从数学上来说都是整数，但是这里却没有将变量的数据类型定义为整型。这是因为，随着计算的进行，每一格中的米粒数会像滚雪球一样快速增长，例如，第 33 格的米粒数就达到了 2^{32} = 4 294 967 296，而整型数中取值范围较大的 unsigned long int 能表示的最大整数才为 2^{32}-1 = 4 294 967 295，后续格子的米粒数和棋盘上的米粒总数将会更大。因此，在第 7 行代码中将变量的数据类型定义为浮点型的 long double，这样才能满足本案例的计算需要。

5 在 C++ 中，对于位数较多的浮点数会自动用科学记数法显示，例如，1 048 576 会显示为 1.048 58e+006。而本案例的计算结果需要以非科学记数法的整数方式显示。因此，先在第 16 行代码中使用 fixed 标志让输出值强制以非科学记数法显示，再在第 17 行代码中使用 setprecision 函数将小数位数设置为 0。setprecision 在单独使用时可以控制输出值的有效数字位数，setprecision(n) 就是让输出值有 n 个有效数字，同时对输出值进行四舍五入。而该函数在与 fixed 结合使用时，则是控制输出值的小数位数。为了使用 setprecision 函数，在程序开头的第 2 行代码中引入了头文件 iomanip。

027　do-while 循环语句

案　　例　反序显示一个整数

文件路径　案例文件 \ 第 4 章 \do-while 循环语句 .cpp

本节要来学习一个与 while 循环语句很相似的循环语句——do-while。该循环语句也是根据循环条件的真假来决定是否执行循环体，但它与 while 循环语句有一个很大的区别：while 循环语句是先检查循环条件，再执行循环体；而 do-while 循环语句则是先执行循环体，再检查循环条件。

思维导图

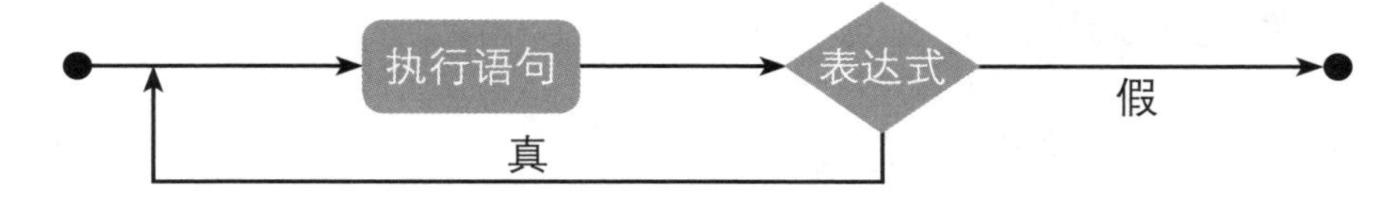

案例说明

下面利用 do-while 循环语句编写一个小程序，将输入的整数以反序显示。打开编译器，输入如下代码。

代码解析

```
1   #include <iostream>
2   using namespace std;
3   int main()
4   {
5       int number, c;
6       cout << "输入一个整数：";
7       cin >> number;
```

```
8       do
9       {
10          c = number % 10;    // 计算变量number的值除以10的余数
11          cout << c;
12      }
13      while ((number /= 10) != 0);    // 当变量number的值除以10的商不等于0时，执行循环体
14      return 0;
15  }
```

保存以上代码并按【F11】键运行后，输入一个整数，如12 345，按【Enter】键，即可得到如下所示的运行结果。

运行结果

```
输入一个整数：12345
54321
```

要点分析

1 do-while 循环语句的语法如下：

```
do
{
    语句；
}
while（表达式）;
```

do-while 循环语句的执行顺序是先执行循环体，再判断表达式的值，如果表达式的值为真就再次执行循环体，直到表达式的值变为假时，才结束循环。同样的，如果循环体只有一条语句，

则可省略“{}”。

2 第 13 行代码中的 number /= 10 等同于 number = number / 10。因为在第 5 行代码中将变量 number 的数据类型定义为整型 int，所以这里相除得到的结果会舍弃小数部分，只保留整数部分。

3 以输入值 12345 为例，解析第 8 ～ 13 行代码的执行过程。首先计算 c = 12345 % 10，结果是 c = 5，输出 c 的值后在 while 中计算 12345 /= 10，number 的值变为 1234，不等于 0，循环条件为真，所以继续执行第 10 行和第 11 行代码。此时计算 c = 1234 % 10，结果是 c = 4，输出 c 的值后继续在 while 中计算 1234 /= 10，number 的值变为 123，不等于 0，继续循环。依次类推，最终就在屏幕上输出了 54321。

028　for 循环语句

案　　例　计算投资的本利和

文件路径　案例文件 \ 第 4 章 \for 循环语句 .cpp

难度系数 ★★★☆☆

while 循环语句和 do-while 循环语句通常适用于不能事先确定重复执行次数的情况。如果已经确定重复执行的次数，则可以使用 for 循环语句，它能将循环体重复执行指定的次数。

思维导图

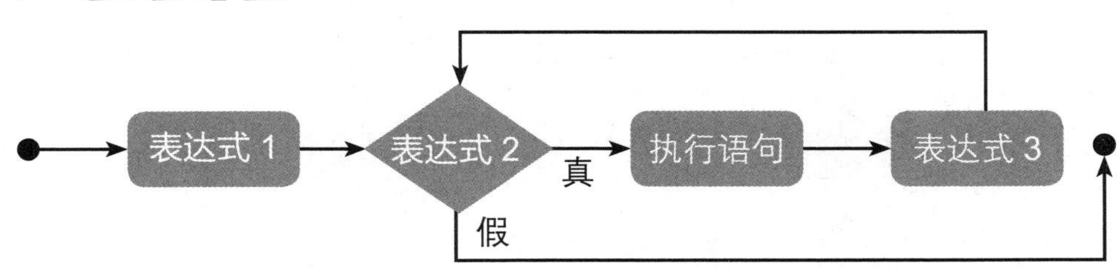

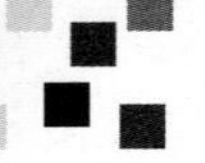

案例说明

假设我们要购买的某个理财产品年利率为 20%，按照复利方式计算利息（把上一年的利息也作为下一年的本金来计算）。下面利用 for 循环语句编写一个小程序，计算投资的 10 年内每年结束时的本利和（本金加上利息），计算公式为：本利和 = 本金 ×（1 + 年利率）^{投资年数}。打开编译器，输入如下代码。

代码解析

```
1   #include <iostream>
2   #include <cmath>
3   #include <iomanip>
4   using namespace std;
5   int main()
6   {
7       int i;
8       float money, next_money;
9       cout << "请输入投资金额(万元): ";
10      cin >> money;
11      for (i = 1; i <= 10; i++)
12      {
13          next_money = money * pow((1 + 0.2), i);
14          cout << "投资" << i << "年后的本利和(万
            元): ";
15          cout << setprecision(4) << next_money <<
            endl;
16      }
17      return 0;
```

第 2～3 行注释：引入头文件 cmath 和 iomanip

第 11 行注释：重复执行循环体，每执行一次就让变量 i 自增 1，直到 i 大于 10 时停止

第 15 行注释：控制输出值的有效数字位数

```
18  }
```

保存以上代码后按【F11】键运行，输入投资金额，如 10，按【Enter】键，即可得到如下所示的运行结果。

运行结果

```
请输入投资金额(万元)：10
投资1年后的本利和(万元)：12
投资2年后的本利和(万元)：14.4
投资3年后的本利和(万元)：17.28
投资4年后的本利和(万元)：20.74
投资5年后的本利和(万元)：24.88
投资6年后的本利和(万元)：29.86
投资7年后的本利和(万元)：35.83
投资8年后的本利和(万元)：43
投资9年后的本利和(万元)：51.6
投资10年后的本利和(万元)：61.92
```

要点分析

1　for 循环语句的语法如下：

```
for( 表达式 1; 表达式 2; 表达式 3)
{
    语句 ;
}
```

表达式 1、表达式 2、表达式 3 都是可省略的，甚至 3 个表达式可以同时省略，但是起分隔作用的“;”不能省略。此外，如果循环体只有一条语句，则可省略“{}”。

2 第 11 行代码中 for 后面的表达式的含义是设定循环变量 i 的初始值为 1，当 i 小于或等于 10 时，重复执行循环体（第 13 ～ 15 行代码），每执行一次就让 i 自增 1。这样就能逐年计算出 10 年内每年结束时的本利和。

3 while、do-while、for 是在实际工作中最常用的三种循环语句，它们通常可以相互替代，即用其中一种循环语句编写的代码，可以用另外两种循环语句来改写。具体使用哪一种语句，取决于编程者的个人偏好。但是我们在编程时，应该尽量选择使程序更易理解的语句。

029 break 语句

案　　例 计算 1+2+…+100 的和

文件路径 案例文件 \ 第 4 章 \break 语句 .cpp

我们在前面学习 switch 语句时接触过 break 语句，它用于终止分支。在循环语句中也可以使用 break 语句来强制终止整个循环。下面以 while 循环语句和 break 语句的结合为例，学习 break 语句的用法。

思维导图

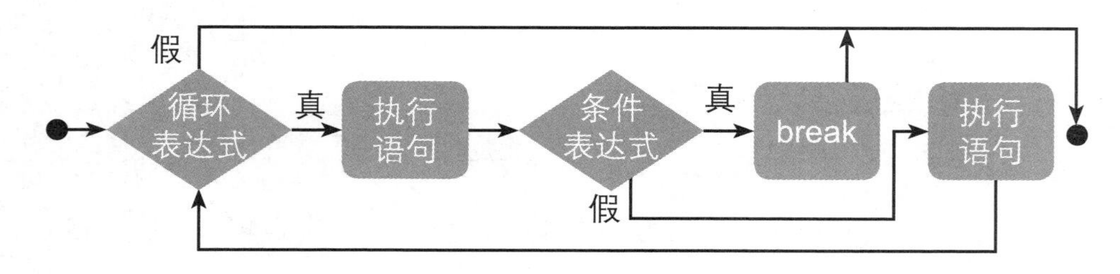

案例说明

下面结合使用 while 循环语句和 break 语句编写一个小程序，计算 1+2+…+100 的和。打开编译器，输入如下代码。

代码解析

```
2   using namespace std;
3   int main()
4   {
5       int i = 0;
6       int sum = 0;
7       while (true)          // 让循环条件始终为真，即构造一个死循环
8       {
9           i++;
10          sum += i;         // 计算累计和
11          if (i == 100)     // 累加完 100 后，跳出整个 while 循环
12              break;
13      }
14      cout << "1+2+…+100=" << sum;
15      return 0;
16  }
```

保存以上代码后按【F11】键运行，即可得到如下所示的运行结果。

运行结果

```
1+2+…+100=5050
```

要点分析

1 break 语句只能用在 switch 语句和循环语句中，且通常配合 if 语句使用，如第 11 行和第 12 行代码。break 语句与循环语句结合使用的语法如表 4-1 所示。

表 4-1

<table>
<tr><th>break 与 while 循环语句</th><th>break 与 do-while 循环语句</th><th>break 与 for 循环语句</th></tr>
<tr><td><pre>while (表达式)
{
    语句 ;
    if (条件)
        break;
    …
}</pre></td><td><pre>do
{
    语句 ;
    if (条件)
        break;
    …
}
while (表达式)</pre></td><td><pre>for (表达式 1; 表达式 2; 表达式 3)
{
    语句 ;
    if (条件)
        break;
    …
}</pre></td></tr>
</table>

2 第 7 ～ 13 行代码的含义是：构造一个死循环，每一次循环过程中，让变量 i 的值自增 1，再累加 i 的值，然后判断 i 的值是否达到 100，一旦 i 的值达到 100，就执行 break 语句终止循环。如果没有第 11 行和第 12 行代码，这个循环将会不停地执行下去。

030　continue 语句

案　　例　计算 1 ～ 100 范围内所有偶数之和

文件路径　案例文件 \ 第 4 章 \continue 语句 .cpp

难度系数 ★★★☆☆

continue 语句在功能上类似于 break 语句，也能改变循环的流程，但它不会强制跳出整个循环，而是跳过它后面的语句，回到循环的条件测试部分，准备开始下一轮循环。

思维导图

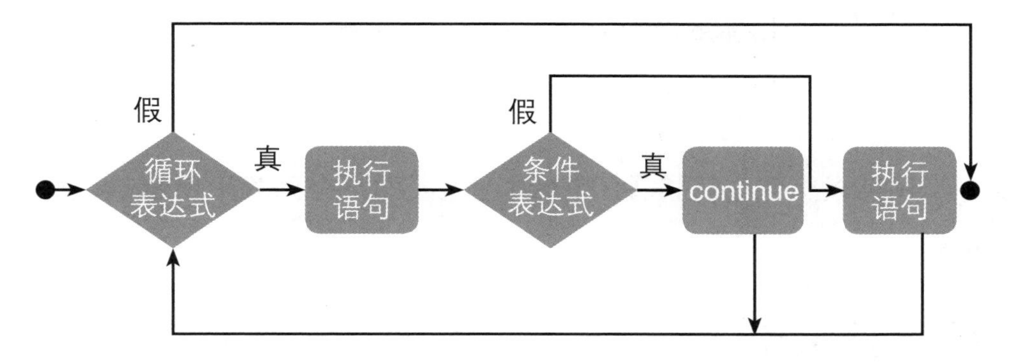

案例说明

下面结合使用 while 循环语句和 continue 语句编写一个小程序，计算 1 ～ 100 范围内所有偶数之和。打开编译器，输入如下代码。

代码解析

```
1   #include <iostream>
2   using namespace std;
3   int main()
4   {
5       int i = 0;
6       int sum = 0;
7       while (i <= 100)
8       {
9           i++;
10          if (i % 2 != 0)
11              continue;
12          sum += i;
13      }
```

while (i <= 100) → 当变量 i 的值小于或等于 100 时，不停地执行循环体

第 10～12 行 → 利用 i 除以 2 的余数是否不为 0 来判断 i 是奇数还是偶数

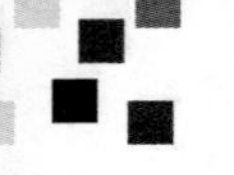


```
14        cout << "1～100范围内所有偶数之和为" << sum;
15        return 0;
16    }
```

保存以上代码后按【F11】键运行，即可得到如下所示的运行结果。

运行结果

```
1～100范围内所有偶数之和为2550
```

要点分析

1. continue 语句只能用在循环语句中，且通常配合 if 语句使用，如第 10 行和第 11 行代码。continue 语句与循环语句结合使用的语法如表 4-2 所示。

表 4-2

continue 与 while 循环语句	continue 与 do-while 循环语句	continue 与 for 循环语句

while（表达式）
{
语句；
if（条件）
语句；
continue;
…
}
	do
	{
	语句；
	if（条件）
	语句；
	continue;
	…
	}
	while（表达式）
		for（表达式 1; 表达式 2; 表达式 3)
		{
		语句；
		if（条件）
		语句；
		continue;
		…
		}

2. 第 9 ～ 12 行代码构造的循环体的含义是：每一次循环过程中，让变量 i 的值自增 1，然后利用 i 除以 2 的余数是否不为 0 来判断 i 是否为奇数。如果 i 为奇数，则执行 continue 语句，跳过

第 12 行代码，回到第 7 行代码，开始新一轮循环；否则执行第 12 行代码，累加 i 的值。

3 合理使用 break 语句和 continue 语句可以适当地简化程序，过度或不恰当地使用这两个语句则可能会导致程序难以阅读和理解。

031　goto 语句

案　　例　计算 1 ～ 100 范围内所有奇数之和

文件路径　案例文件 \ 第 4 章 \goto 语句 .cpp

goto 语句又称为跳转语句，它可以将程序的执行流程强制跳转到指定的部分。下面就来学习 goto 语句的用法吧。

思维导图

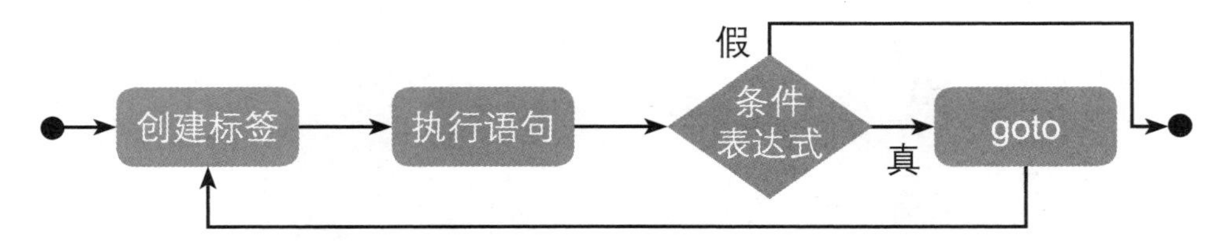

案例说明

下面利用 goto 语句编写一个小程序，计算 1 ～ 100 范围内所有奇数之和。打开编译器，输入如下代码。

代码解析

```
1  #include <iostream>
2  using namespace std;
```

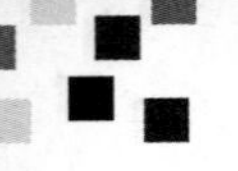


```
3   int main()
4   {
5       int i = 1;
6       int sum = 0;
7       loop: ————→ 定义一个名为 loop 的标签
8       sum += i;
9       i += 2;
10      if (i < 100)
11          goto loop; ——→ 当 i 小于 100 时，转向定义的标签 loop
12      cout << "1～100范围内所有奇数之和为" << sum;
13      return 0;
14  }
```

保存以上代码后按【F11】键运行，即可得到如下所示的运行结果。

运行结果

```
1～100范围内所有奇数之和为2500
```

要点分析

1 goto 语句的语法如下：

标签：

语句；

…

goto 标签；

需要注意的是，标签名称的后面是一个冒号，而不是一个分号。

2 本案例利用定义的标签 loop 实现了循环语句的功能。当执行到第 10 行代码时，如果 if 条件为真，则执行第 11 行代码的 goto 语句，跳转到第 7 行代码定义的标签 loop 处；然后继续往下执行第 8 行和第 9 行代码；执行到第 10 行代码时，判断 if 条件，继续跳转；直至 if 条件为假才停止跳转，从第 12 行代码往下执行。

3 goto 语句可以灵活地改变程序的执行流程，但如果滥用 goto 语句，会破坏程序的结构，使程序变得难以理解。本书的建议是：首先，能不用 goto 语句就不用 goto 语句；其次，在不破坏程序结构的前提下，为了提高程序的效率，可以有节制地使用 goto 语句。

032　while 循环语句的嵌套

案　　例　制作九九乘法表

文件路径　案例文件 \ 第 4 章 \while 循环语句的嵌套 .cpp

在上一章学习了分支语句的嵌套，那么循环语句是不是也能嵌套呢？答案是肯定的。循环语句的嵌套是指将一个或多个循环写在另一个循环的循环体中。最简单的两层嵌套由一个外层循环和一个内层循环组成，而在复杂的嵌套中，外层循环的循环体由多个内层循环组成，这些内层循环可以是并列的关系，也可以是相互嵌套的关系。下面先来学习 while 循环语句的嵌套吧。

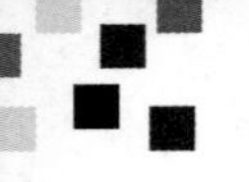

思维导图

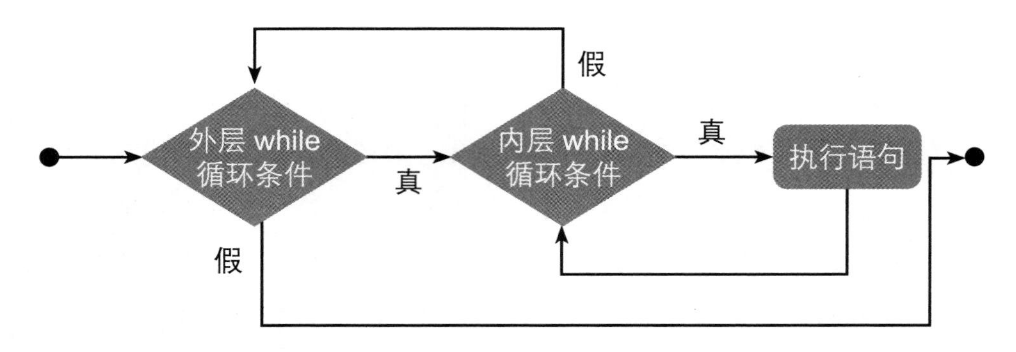

案例说明

下面利用 while 循环语句的嵌套编写一个小程序，在屏幕上输出九九乘法表。打开编译器，输入如下代码。

代码解析

```
1   #include <iostream>
2   using namespace std;
3   int main()
4   {
5       int i = 1;
6       while (i <= 9)  → 外层循环条件为循环变量 i 小于或等于 9
7       {
8           int j = 1;
9           while (j <= i)  → 内层循环条件为循环变量 j 小于或等于外层的循环变量 i
10          {
11              cout << j << "*" << i << "=" << i *
                j << "\t";        输出九九乘法表的等式
12              j ++;
```

```
13            }
14            cout << endl;──────→换行
15            i ++;
16        }
17        return 0;
18    }
```

保存以上代码后按【F11】键运行，即可得到如下所示的运行结果。

运行结果

```
1*1=1
1*2=2  2*2=4
1*3=3  2*3=6   3*3=9
1*4=4  2*4=8   3*4=12  4*4=16
1*5=5  2*5=10  3*5=15  4*5=20  5*5=25
1*6=6  2*6=12  3*6=18  4*6=24  5*6=30  6*6=36
1*7=7  2*7=14  3*7=21  4*7=28  5*7=35  6*7=42  7*7=49
1*8=8   2*8=16   3*8=24   4*8=32   5*8=40   6*8=48   7*8=56
8*8=64
1*9=9   2*9=18   3*9=27   4*9=36   5*9=45   6*9=54   7*9=63
8*9=72  9*9=81
```

要点分析

1 本案例中 while 循环语句的嵌套是最简单的两层嵌套，由一个外层 while 循环和一个内层 while 循环组成，即在外层 while 循环的循环体中书写内层 while 循环。第 9 ～ 13 行代码是内层 while 循环，第 6 ～ 16 行代码是外层 while 循环。只有当第 9 行代码中的内层 while 循环条件为假时，才会结束内层 while 循环，然后开始外层 while 循环的下一轮循环。

2 第 11 行代码中的“\t”表示输出一个制表符，相当于按了一下【Tab】键，可以让输出的内容显得更整齐。在本案例中，因为需要让制作的九九乘法表整齐有序，所以使用“\t”制表符是很有必要的。

033　for 循环语句的嵌套

案　　例　输出一个由☆号组成的等腰三角形

文件路径　案例文件 \ 第 4 章 \for 循环语句的嵌套 .cpp

除了使用 while 循环语句进行嵌套，还可以使用 for 循环语句进行嵌套。for 循环语句的嵌套常用于在将一组命令重复执行指定次数的过程中，再将其他命令重复执行指定次数。

思维导图

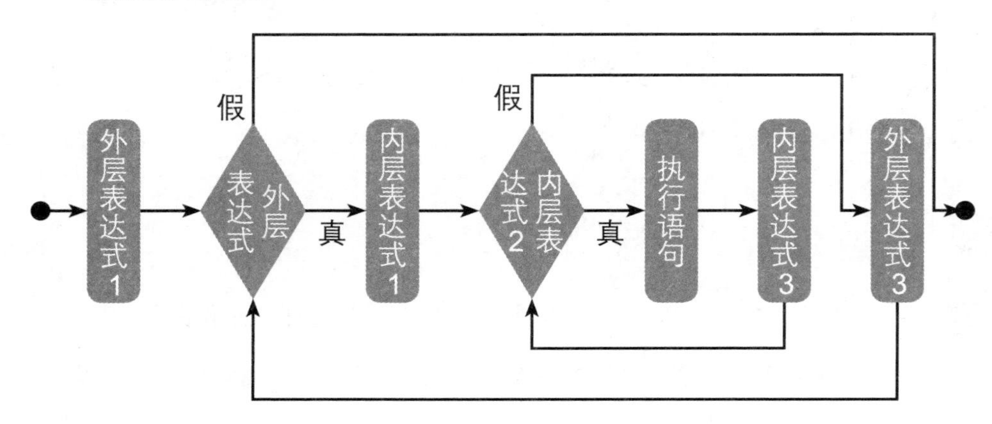

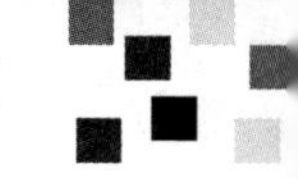

案例说明

下面利用 for 循环语句的嵌套编写一个小程序，在屏幕上输出一个由☆号组成的等腰三角形。打开编译器，输入如下代码。

代码解析

```
1  #include <iostream>
2  using namespace std;
3  int main()
4  {
5      int i, j, k;
6      for (i = 0; i <= 4; i++)
7      {
8          for (j = 4; j > i; j--)
9          {
10             cout << " ";
11         }
12         for (k = 0; k < i + 1; k++)
13         {
14             cout << "☆";
15         }
16         cout << endl;
17     }
18     return 0;
19 }
```

不换行循环输出空格（第 8～11 行）

不换行循环输出☆号（第 12～15 行）

换行（第 16 行）

保存以上代码后按【F11】键运行，即可得到如下所示的运行结果。

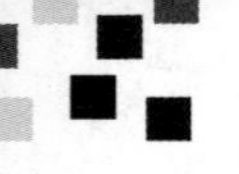

运行结果

```
    ☆
   ☆☆
  ☆☆☆
 ☆☆☆☆
☆☆☆☆☆
```

要点分析

1 上述代码是在 1 个 for 循环语句中嵌套了 2 个 for 循环语句。第 6 ～ 17 行代码是外层循环；第 8 ～ 11 行代码是第 1 个内层循环，第 12 ～ 15 行代码是第 2 个内层循环，它们是并列关系。第 1 个内层循环控制每一行中输出的空格数（第 10 行代码的引号内是 1 个空格），第 2 个内层循环控制每一行中输出的☆号数。外层循环的功能分两方面：一方面是控制输出的行数，这一点通过第 16 行代码体现；另一方面通过其循环变量 i 的变化控制 2 个内层循环各自的循环次数，这一点通过第 8 行和第 12 行代码的表达式 2 体现。

2 整个程序的执行过程是这样的：在外层循环的第 1 轮，i=0，则第 8 行代码相当于“for (j = 4; j > 0; j--)”，表示循环 4 次，也就是重复执行 4 遍第 10 行代码，因而会输出 4 个空格；而第 12 行代码相当于“for (k = 0; k < 1; k++)”，表示循环 1 次，因而会输出 1 个☆；2 个内层循环先后执行完毕后，执行第 16 行代码，进行换行。依次类推，在外层循环的第 2 轮，i=1，则第 1 个内层循环输出 3 个空格，第 2 个内层循环输出 2 个☆，然后换行；在外层循环的第 3 轮，i=2，则第 1 个内层循环输

出 2 个空格，第 2 个内层循环输出 3 个☆，然后换行；……；在外层循环的第 5 轮，i=4，则第 1 个内层循环不输出空格，第 2 个内层循环输出 5 个☆，然后换行，整个程序运行结束。

034　do-while 和 if-else 的嵌套

案　　例 猜数字游戏

文件路径 案例文件 \ 第 4 章 \do-while 和 if-else 的嵌套 .cpp

分支语句可以相互嵌套，循环语句也可以相互嵌套，那么分支语句和循环语句能否相互嵌套呢？当然可以。本节就以 do-while 循环语句和多分支 if-else 语句的嵌套为例，讲解循环语句和分支语句的嵌套。

思维导图

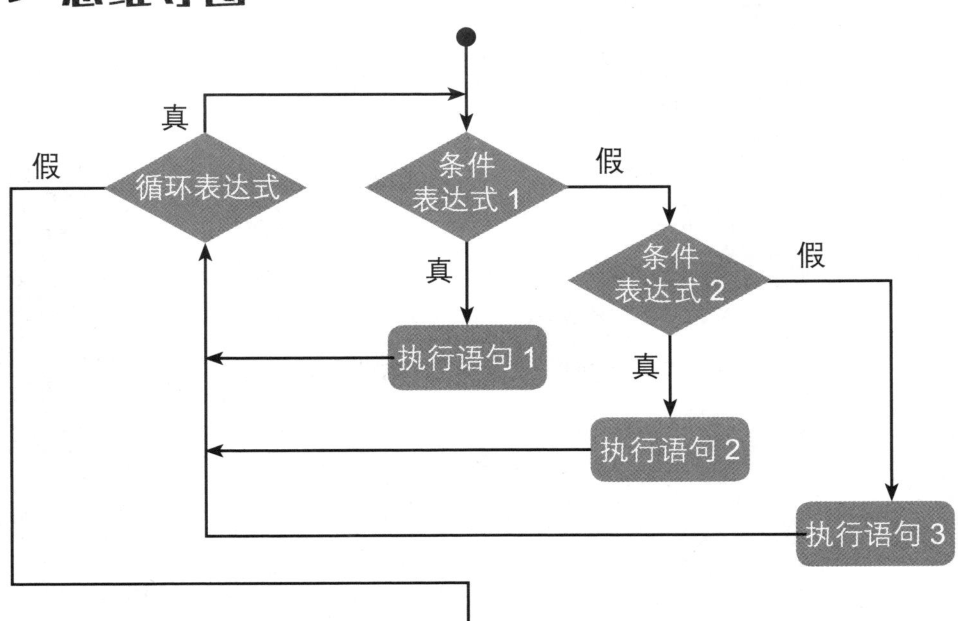

案例说明

下面利用 do-while 循环语句和多分支 if-else 语句的嵌套编写一个猜数字的小游戏。打开编译器，输入如下代码。

代码解析

```
1   #include <iostream>
2   #include <cstdlib>
3   #include <ctime>
4   using namespace std;
5   int main()
6   {
7       srand((unsigned)time(NULL));
8       int number;
9       number = rand() % 101;
10      int guess;
11      cout << "计算机已经想好一个0～100的整数，现在
        开始猜吧！" << endl;
12      do
13      {
14          cout << "输入一个0～100的整数：";
15          cin >> guess;
16          if (guess == number)
17              break;
18          else if (guess > number)
19              cout << "你猜的数字太大了！" << endl;
20          else
21              cout << "你猜的数字太小了！" << endl;
```

```
22        }
23        while (true);  ——→ 无限循环
24        cout << "你猜对了！";
25        return 0;
26    }
```

保存以上代码后按【F11】键运行，输入所猜的数字，按【Enter】键，如果输入的数字与计算机生成的随机数不符，继续输入新的数字并按【Enter】键，直至猜对为止，得到如下所示的运行结果。

运行结果

```
计算机已经想好一个0～100的整数，现在开始猜吧！
输入一个0～100的整数：15
你猜的数字太大了！
输入一个0～100的整数：5
你猜的数字太小了！
输入一个0～100的整数：9
你猜对了！
```

要点分析

1. 本案例使用了 cstdlib 库中的 srand 和 rand 函数及 ctime 库中的 time 函数，所以在程序开头的第 2 行和第 3 行代码中引入了 cstdlib 和 ctime 库。

2. rand 和 srand 函数可以让计算机产生随机数，这两个函数的具体用法将在第 121 ～ 124 页详细讲解。在这里大家只需要知道第 7 ～ 9 行代码中使用 rand 和 srand 函数随机生成了一个 0 ～ 100 的整数。

3 第 23 行代码中的 while (true) 构造了一个死循环，如果 do 下的循环体不进行干预，该循环会一直执行下去。也就是说，如果输入的数字不满足第 16 行代码中的条件，就会继续循环；一旦满足条件，就停止循环。

035 for 和 if 的嵌套

案　　例 找出最大身高

文件路径 案例文件 \ 第 4 章 \for 和 if 的嵌套 .cpp

难度系数 ★★★★☆

本节以 for 循环语句和单分支 if 语句的嵌套为例，讲解循环语句和分支语句的嵌套。

思维导图

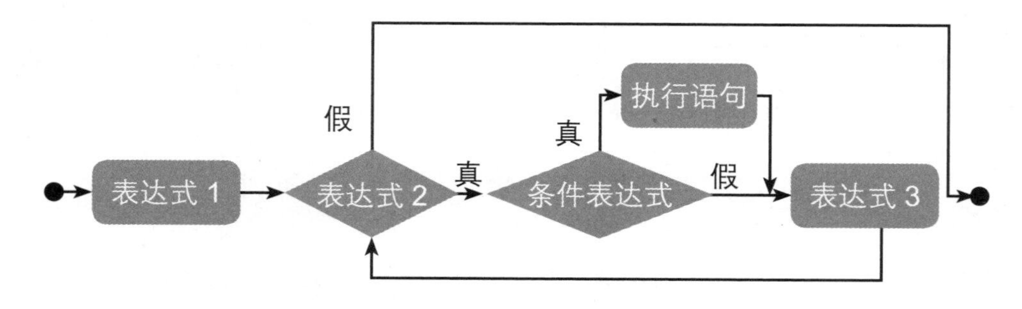

案例说明

下面利用 for 循环语句和单分支 if 语句的嵌套编写一个小程序，比较 5 个学生的身高数据，找出最大身高。打开编译器，输入如下代码。

代码解析

```
1  #include <iostream>
2  using namespace std;
3  int main()
4  {
5      float max, x;
6      int i;
7      for (i = 1; i <= 5; i++)→构造一个重复 5 次的循环
8      {
9          cout << "请输入第" << i << "个学生的身高
           (米): ";
10         cin >> x;
11         if (x > max)      如果输入的身高 x 大于最大身
12             max = x;      高 max，则将输入的身高 x 赋
                             给 max
13     }
14     cout << "最大身高是" << max << "米";
15     return 0;
16 }
```

保存以上代码后按【F11】键运行，依次输入 5 个学生的身高，并按【Enter】键确认，即可得到如下所示的运行结果。

运行结果

```
请输入第1个学生的身高(米): 1.36
请输入第2个学生的身高(米): 1.25
请输入第3个学生的身高(米): 1.56
```

```
请输入第4个学生的身高(米): 1.68
请输入第5个学生的身高(米): 1.45
最大身高是1.68米
```

要点分析

1. 第 11 行和第 12 行代码为内层的单分支 if 语句，第 7 ～ 13 行代码为外层的 for 循环语句。

2. 该程序的执行过程是这样的：创建变量 max 用于存储最大身高，变量 x 用于存储输入的身高值，然后执行循环，每一轮循环中都要求输入一个身高值存储到 x 中，然后比较 x 和 max 的大小，如果 x 比 max 大，则将 x 的值赋给 max，这样 max 的值就会不断地更新为已输入的身高值中最大的那一个。循环执行完毕后，max 中存储的就必然是输入的所有身高值中最大的那一个。

第5章

C++ 数组

数组是若干个相同类型数据的集合体，它能将一批数据以有序的形式组织在一起，是 C++ 中一种重要的数据结构。本章将主要讲解数组的创建和赋值，并以一维数组为例，讲解访问元素、排序等针对数组的常用操作。

036 一维数组的创建

案　　例 计算学生的总成绩

文件路径 案例文件 \ 第 5 章 \ 一维数组的创建 .cpp

一维数组是用于存储多个相同类型数据的一个序列。它就像一支有名字且有固定人数的队伍，其中队伍名就是数组名，固定的人数就是数组的元素个数，或者说是数组的长度或大小。下面先来学习一维数组的创建方法。

思维导图

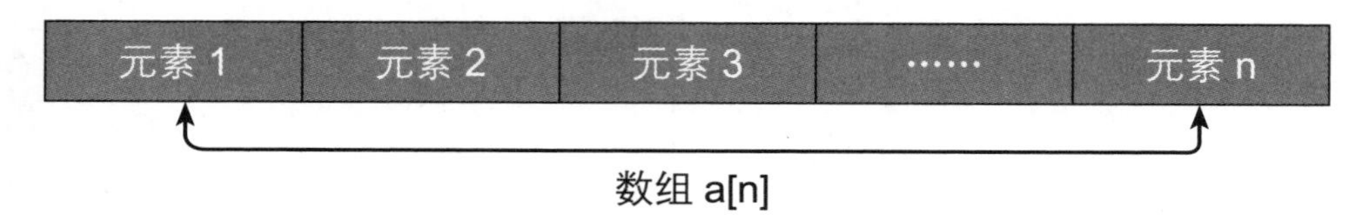

案例说明

下面编写一个小程序，创建一个一维数组存储某学生各科目的成绩，并计算总成绩。打开编译器，输入如下代码。

代码解析

```
1  #include <iostream>
2  using namespace std;
3  int main()
4  {
5      double score[6];
6      int i;
7      double sum = 0;
```

（第 5 行注释：创建一个数据类型为浮点型且含有 6 个元素的一维数组 score）

```
8       cout << "请输入各科目的成绩：";
9       for (i = 0; i < 6; i++)
10      {
11          cin >> score[i];      → 依次输入各科目成绩并存入数组 score
12          sum += score[i];      → 从数组 score 中取出各科目成绩进行累加，算出总成绩
13      }
14      cout << "总成绩是" << sum;
15      return 0;
16  }
```

保存以上代码后按【F11】键运行，输入各科目的成绩，如 85.5、89.4、90.6、65.9、36.3、78.7，各个成绩之间用一个空格分开，完成输入后按【Enter】键，即可得到如下所示的运行结果。

运行结果

```
请输入各科目的成绩：85.5 89.4 90.6 65.9 36.3
78.7
总成绩是446.4
```

要点分析

1 创建一维数组的语法格式为“数据类型 数组名[常量表达式]”。其中常量表达式表示数组中元素的个数，也称为数组的长度或大小，它必须用方括号“[]”括起来，且它的数据类型必须是整型。例如，第 5 行代码就定义了一个数据类型为浮点型、名为 score、大小为 6 的一维数组。

2 数组元素的编号从 0 开始，而不是从 1 开始，因此，第 9 行代

码中让循环变量 i 的值从 0 开始变化。第 11 行代码将输入的成绩依次存储到 score[i] 中，score[i] 表示访问数组 score 的第 i 个元素，相关知识将在第 105 ～ 107 页详细讲解。第 12 行代码将数组 score 的第 i 个元素的值累加到变量 sum 中，最终计算出总成绩。

037　一维数组的赋值

案　　例　列出学生的学号

文件路径　案例文件 \ 第 5 章 \ 一维数组的赋值 .cpp

一支队伍如果没有队员也就没有存在的意义。同样的道理，创建了一个一维数组后，还需要为数组中的元素赋值。下面就来学习一维数组的赋值方法吧。

思维导图

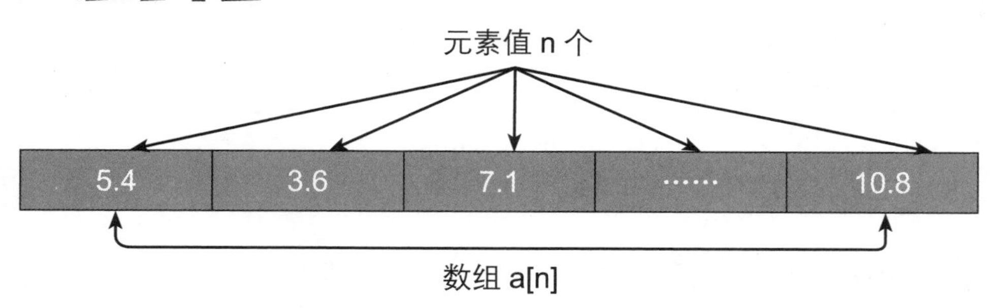

案例说明

下面以创建学号表为例，讲解为一维数组赋值的多种方法。打开编译器，输入如下代码。

代码解析

```
1   #include <iostream>
2   using namespace std;
3   int main()
4   {
5       //创建数组的同时为数组赋值
6       int id1[3] = {1001, 1002, 1003};
7       cout << "id1[3] = {" << id1[0] << "," <<
        id1[1] << "," << id1[2] << "}"<< endl;
8       //先创建数组，再分别直接赋值
9       int id2[3];
10      id2[0] = 1001;
11      id2[1] = 1002;
12      id2[2] = 1003;
13      cout << "id2[3] = {" << id2[0] << "," <<
        id2[1] << "," << id2[2] << "}"<< endl;
14      //创建数组并利用for循环语句和cin语句为数组赋值
15      int id3[3];
16      int i;
17      cout << "请输入学生的学号：" << endl;
18      for (i = 0; i < 3; i++)
19          cin >> id3[i];
20      cout << "id3[3] = {" << id3[0] << "," <<
        id3[1] << "," << id3[2] << "}" << endl;
21      return 0;
22  }
```

第 6 行：创建一个数据类型为整型且含有 3 个元素的一维数组 id1，并为数组的 3 个元素同时赋值

第 9 行：创建一个数据类型为整型且含有 3 个元素的一维数组 id2

第 10～12 行：分别为数组 id2 的 3 个元素赋值

第 15 行：创建一个数据类型为整型且含有 3 个元素的一维数组 id3

第 18～20 行：利用 for 循环从键盘上输入 3 个值，分别为数组 id3 的 3 个元素赋值

保存以上代码后按【F11】键运行，依次输入 3 个学号，如 1001、1002、1003，每输入一个学号就按【Enter】键确认，即可得到如下所示的运行结果。

运行结果

```
id1[3] = {1001,1002,1003}
id2[3] = {1001,1002,1003}
请输入学生的学号:
1001
1002
1003
id3[3] = {1001,1002,1003}
```

要点分析

1. 本案例使用了三种方法为一维数组赋值：第 6 ～ 7 行代码是第一种方法，它是将一维数组的创建和赋值同时进行；第 9 ～ 13 行代码是第二种方法，它是先创建一个一维数组，再逐一为数组的单个元素赋值；第 15 ～ 20 行代码是第三种方法，它是结合使用 for 循环语句和 cin 语句，在运行时通过键盘输入为数组灵活赋值。大家在编程时可根据实际需求选用任意一种方法。

2. 为一维数组赋值时，赋值的元素个数不能多于定义数组时设置的数组大小。例如，第 6 行代码中“{}”内的数据个数不能多于“[]”中的数字 3，否则在编译时会报错。

038　数组元素的访问

案　　例　找出最贵的书的价格

文件路径　案例文件 \ 第 5 章 \ 数组元素的访问 .cpp

如果要获取或更改一维数组中某个元素的值，可通过该元素在数组中的位置来访问元素。下面就来学习访问一维数组元素的方法吧。

思维导图

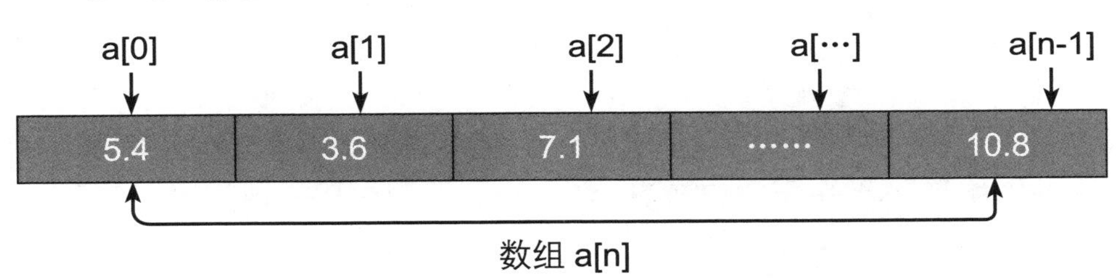

案例说明

下面编写一个小程序，创建一个一维数组存储输入的 5 本书的价格，并找出其中最高的价格。打开编译器，输入如下代码。

代码解析

```
1  #include <iostream>
2  using namespace std;
3  int main()
4  {
5      float a[5];
6      cout << "请输入5本书的价格(元): ";
7      cin >> a[0] >> a[1] >> a[2] >> a[3] >> a[4];
```

创建一个数据类型为浮点型且含有 5 个元素的一维数组 a

运行时从键盘上输入 5 个值，为一维数组 a 的 5 个元素分别赋值

```
8      float max = a[0];          // 将数组 a 的第 1 个元素的值赋给变量 max，即先假定第 1 个元素的值是最大的
9      int i;
10     for (i = 1; i < 5; i++)    // 让 i 的值从 1 开始增长，即从第 2 个元素的值开始比较
11     {
12         if(a[i] > max)         // 如果某个元素的值大于变量 max 的值，则将该元素的值赋给变量 max
13             max = a[i];
14     }
15     cout << "最贵的书是" << max << "元";
16     return 0;
17 }
```

保存以上代码后按【F11】键运行，依次输入 5 本书的价格，各个价格之间用一个空格分开，完成输入后按【Enter】键，即可得到如下所示的运行结果。

运行结果

```
请输入5本书的价格(元): 55 87 88 26 89
最贵的书是89元
```

要点分析

1 访问数组元素的语法格式为“数组名 [索引]”，索引指的是元素在数组中的位置。一维数组以 0 作为第 1 个元素的索引，以 1 作为第 2 个元素的索引，依次类推，数组的最后一个元素的索引是数组大小减 1。在第 8 行代码中，将数组 a 的第 1 个元素 a[0] 的值赋给了变量 max，即先假定第 1 个元素的值是最大的。

2 第 10 行代码构造了一个 for 循环，每一轮循环中循环变量 i 的值依次为 1、2、3、4，则 a[i] 就代表数组的第 2、3、4、5 个元素。第 12 行和第 13 行代码表示比较 a[i] 和变量 max 的值，如果前者比后者大，就将前者赋给后者，作为当前找到的最大值。循环结束后，变量 max 中存储的就是 5 个价格中最高的那个价格。

039　选择排序法排序数组

案　例　升序排列学生成绩

文件路径　案例文件 \ 第 5 章 \ 选择排序法排序数组 .cpp

难度系数 ★★★★☆

排序是处理数据时很常见的一种操作。编程中的排序算法有很多种，这里要介绍的是选择排序法。以升序排序为例，选择排序法的思路是：首先在所有元素中寻找最小值，找到后将最小值与第一个元素交换位置，即将最小值放在所有元素的第一位；此时除第一个元素之外的其他元素都为未排序部分，在其中寻找最小值，找到后将最小值放在未排序部分的第一位；依次类推，直至只剩下一个元素为止。下面就来学习如何用选择排序法排序一维数组中的元素。

思维导图

以用选择排序法升序排序数组 {85, 99, 69, 75, 51} 为例，完整过程如图 5-1 所示。

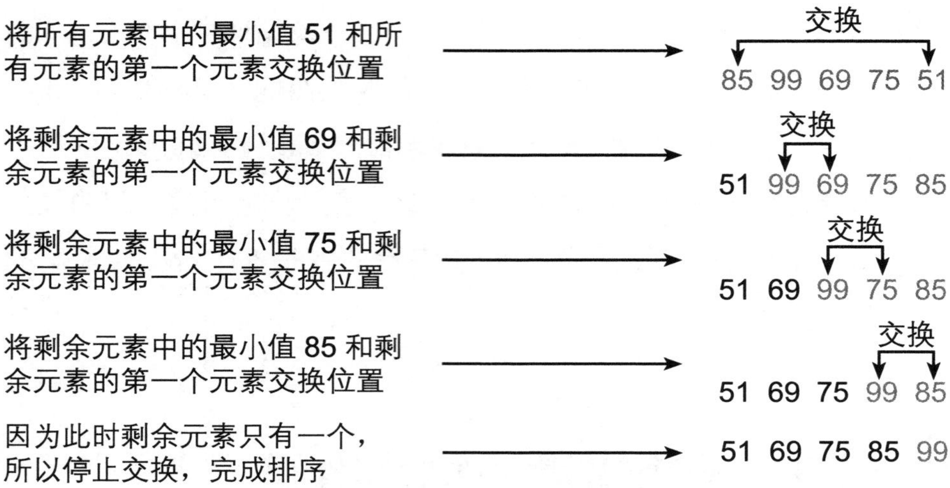

将所有元素中的最小值 51 和所有元素的第一个元素交换位置 → 交换 85 99 69 75 51

将剩余元素中的最小值 69 和剩余元素的第一个元素交换位置 → 交换 51 99 69 75 85

将剩余元素中的最小值 75 和剩余元素的第一个元素交换位置 → 交换 51 69 99 75 85

将剩余元素中的最小值 85 和剩余元素的第一个元素交换位置 → 交换 51 69 75 99 85

因为此时剩余元素只有一个，所以停止交换，完成排序 → 51 69 75 85 99

图5-1

案例说明

下面利用选择排序法编写一个小程序，对一维数组中存储的 5 个学生的成绩 85、99、69、75、51 进行升序排序。打开编译器，输入如下代码。

代码解析

```
1   #include <iostream>
2   using namespace std;
3   int main()
4   {
5       int a[5] = {85, 99, 69, 75, 51};
6       int i, j;
7       int k, temp;
8       for (i = 0; i < 4; i++)
9       {
10          k = i;
```

创建一个数据类型为整型且含有 5 个元素的一维数组 a，并为数组元素赋值

```
11          for (j = i + 1 ; j < 5 ; j++)
12          {
13              if (a[k] > a[j])
14                  k = j;
15          }
16          if (k != i)
17          {
18              temp = a[k];
19              a[k] = a[i];
20              a[i] = temp;
21          }
22      }
23      cout << "成绩排序结果: ";
24      for (i = 0; i < 5; i++)
25          cout << a[i] << " ";
26      return 0;
27  }
```

用两层 for 循环语句的嵌套实现选择排序

保存以上代码后按【F11】键运行，即可得到如下所示的运行结果。

运行结果

```
成绩排序结果: 51 69 75 85 99
```

要点分析

1 由前面的思维导图可知，当数组元素个数为 5 时，交换的次数为 4 次，即 5-1 次，所以第 8 行代码构建了一个循环次数为 4

的循环。同理，如果数组元素个数为 n，则需要交换 n-1 次。

2 变量 k 的作用是记录最小值的位置。第 10 行代码的意义是假设位置 i 上的元素是最小值，将此位置记录在变量 k 中，然后通过第 11 ～ 15 行代码的内层循环比较位置 k 上的元素和位置 j 上的元素，如果前者比后者大，则将后者的位置记录在 k 中，内层循环结束后，k 中记录的就是在未排序部分找到的最小值的位置。

3 第 16 ～ 21 行代码将位置 k 上的元素（找到的最小值）与未排序部分的第一个元素交换位置，交换时用到了起临时存储作用的变量 temp。

040　字符数组的创建与赋值

案　例 将两个队组合为一个队

文件路径 案例文件 \ 第 5 章 \ 字符数组的创建与赋值 .cpp

在 C++ 中，字符数组指的是数据类型为字符型 char 的数组。它的创建和赋值方法并没有什么特殊之处，只是数组元素的数据类型为字符型，而不是整型或浮点型。下面就来学习字符数组的创建与赋值，以及和字符数组配合使用的一些函数。

思维导图

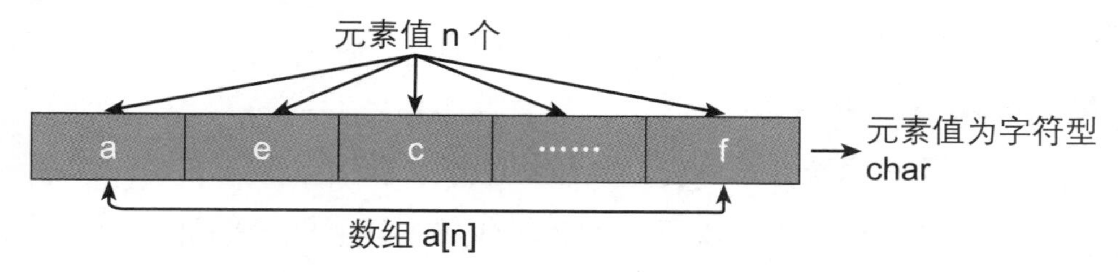

案例说明

假设有两个篮球队，每个队都能容纳 5 人，但是现在两个队的实际人数都不足 5 个，需要将它们组合为一个队；如果组合后的人数超过 5 人，则剔除第二个队中多余的成员。下面利用字符数组编写一个小程序，完成两个队的组合。打开编译器，输入如下代码。

代码解析

```
1   #include <iostream>
2   #include <cstring>
3   using namespace std;
4   int main()
5   {
6       char team1[5] = {'a', 'b', 'c'};
7       char team2[5] = {'d', 'e', 'f', 'g'};
8       if (strlen(team1) + strlen(team2) <= 5)
9       {
10          strcat(team1, team2);
11          cout << "新队成员有" << team1;
12      }
13      else
14          strncat(team1, team2, 5 - strlen(team1));
15          cout << "新队成员有" << team1;
16      return 0;
17  }
```

引入头文件 cstring

创建一个字符型的一维数组,数组含有5个元素，并为其中 3 个元素赋值

创建一个字符型的一维数组，数组含有 5 个元素，并为其中 4 个元素赋值

如果两个队的实际总人数小于或等于 5，则将两个队直接组合成一个队

如果两个队的实际总人数大于 5，则将两个队组合成一个 5 人队后，剔除掉多余的人

保存以上代码后按【F11】键运行，即可得到如下所示的运行结果。

运行结果

```
新队成员有abcde
```

要点分析

1. C++ 没有提供对字符和字符串进行操作的运算符，但提供了很多字符串处理函数，如 strlen、strcat、strncat 等。这些函数都定义在 cstring 头文件中，因此，要使用这些函数，就必须在程序前面引入该头文件。例如，第 2 行代码中就引入了头文件 cstring。

2. 第 6 行和第 7 行代码创建了两个长度为 5 的字符数组，但在赋值时，只分别给这两个数组赋了 3 个值和 4 个值，小于定义的长度 5。当赋值的元素个数少于定义的数组长度时，未赋值元素的默认值为 0 或 \0。当数组为整型或浮点型时，未赋值元素的默认值为 0；当数组为字符型时，未赋值元素的默认值为 \0。

3. strlen 函数用于获取字符数组的实际元素个数，其语法格式为“strlen(字符数组名)”。第 8 行代码就使用 strlen 函数分别获取了数组 team1 和 team2 的实际元素个数，然后相加，得到两个数组的实际元素个数之和，也就是两个队的实际总人数。

4. strcat 函数用于连接两个字符数组，其语法格式为“strcat(字符数组 1, 字符数组 2)”，意思是将字符数组 2 中的字符添加到字符数组 1 的后面。第 10 行代码就使用该函数将数组 team2 中的字符添加到数组 team1 的后面。但是当两个字符数组的实际元素总数超过字符数组 1 的长度时，就不能使用 strcat 函数，而要使用 strncat 函数，其语法格式为“strncat(字

符数组 1, 字符数组 2, n)”，意思是把字符数组 2 的前 n 个字符添加到字符数组 1 的后面。第 14 行代码就使用该函数将数组 team2 的前“5-strlen(team1)”个元素添加到数组 team1 的后面，因 strlen(team1) = 3，故 5-strlen(team1) = 2，即将数组 team2 的前 2 个元素添加到数组 team1 的后面。

041　二维数组的创建与赋值

案　　例　查看学生测试成绩

文件路径　案例文件 \ 第 5 章 \ 二维数组的创建与赋值 .cpp

如果说一维数组是只有一行的序列，那么二维数组可以看成一个矩阵或一个表格，这个表格必须有多行多列。二维数组的创建与赋值与一维数组类似。

思维导图

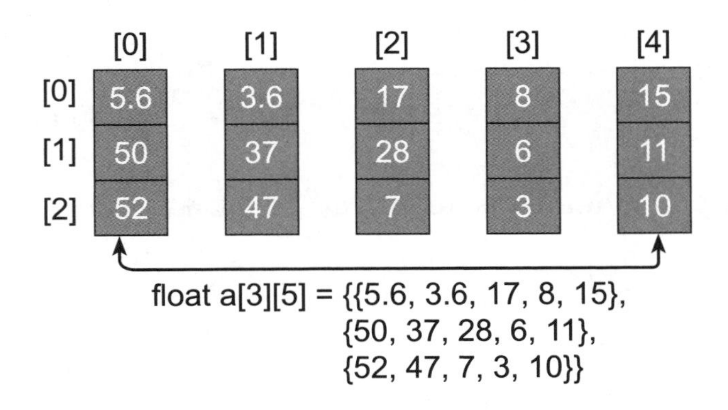

案例说明

假设一张试卷有 7 道题，每答对一题就得 1 分，现在有 3 个学生答完了试卷。下面利用二维数组编写一个小程序，根据标准答案对这 3 个学生的试卷进行打分。打开编译器，输入如下代码。

代码解析

```
1   #include <iostream>
2   #include <cstring>
3   using namespace std;
4   int main()
5   {
6       char answers[3][7] = {{'A','B','C','A','D',
        'D','D'},
7                             {'B','C','A','C','B','A','D'},
8                             {'A','B','A','C','C','D','D'}};
9       char key[] = {'A','B','A','C','C','D','D'};
10      cout << "满分是" << strlen(key) << endl;
11      for (int i = 0; i < 3; i++)
12      {
13          int correct = 0;
14          for (int j = 0; j < 7; j++)
15          {
16              if (answers[i][j] == key[j])
17                  correct++;
18          }
19          cout << "第" << i + 1 << "个学生的分数是"
            << correct << endl;
20      }
21      return 0;
22  }
```

创建一个数据类型为字符型且共有 3 行 7 列的二维数组 answers，并为数组的 21 个元素赋值，其值分别为 3 个学生填写的答案

试卷的标准答案

输出试卷的满分

如果学生填写的答案等于标准答案，就加 1 分

保存以上代码后按【F11】键运行，即可得到如下所示的运行结果。

运行结果

```
满分是7
第1个学生的分数是4
第2个学生的分数是3
第3个学生的分数是7
```

要点分析

1. 创建二维数组的语法格式为“数据类型 数组名 [常量表达式 1][常量表达式 2]”。常量表达式 1 指的是二维数组的行数，常量表达式 2 指的是二维数组的列数，这两个表达式都必须为整型。二维数组的赋值方法和一维数组的赋值方法基本相同。第 6 行代码就使用了在创建的同时赋值的方法，定义了一个 3 行 7 列的二维数组，并用分行的方式将 3 个学生回答 7 道题的答案赋给数组。

2. 二维数组元素的访问方法和一维数组元素的访问方法也基本相同，行和列的索引同样是从 0 开始，通过一对行列值来定位一个元素，因此，通常利用两层 for 循环语句的嵌套来遍历二维数组的元素。第 16 行代码用 answers[i][j] 访问二维数组 answers 中第 i 行 j 列的元素，用 key[j] 访问一维数组 key 中的第 j 个元素，当这两个元素的值相等时，就执行第 17 行代码，将学生的分数增加 1。第 14 ～ 18 行代码的内层 for 循环运行完毕后，就将某个学生填写的 7 道题的答案和标准答案对比了一遍并输出分数。第 11 ～ 20 行代码的外层 for 循环运行完毕后，就输出了 3 个学生的分数。

C++

第 6 章

内置函数

编程中的函数是指能实现特定功能的程序模块。在编程时，有许多实现特定功能的程序是会经常用到的，C++ 将这些程序封装成内置函数，供用户直接调用，大大提高了编程效率。本章将介绍几个常用的 C++ 内置函数的应用，包括排序函数 sort、随机函数 rand 和 srand、域宽函数 setw、去重函数 unique。

042　排序函数 sort

案　　例　对成绩进行排序并计算平均值

文件路径　案例文件 \ 第 6 章 \ 排序函数 sort.cpp

本案例要讲解的内置函数是排序函数 sort，它可将数组中的元素按照从小到大的顺序（升序）或从大到小的顺序（降序）重新排列。

思维导图

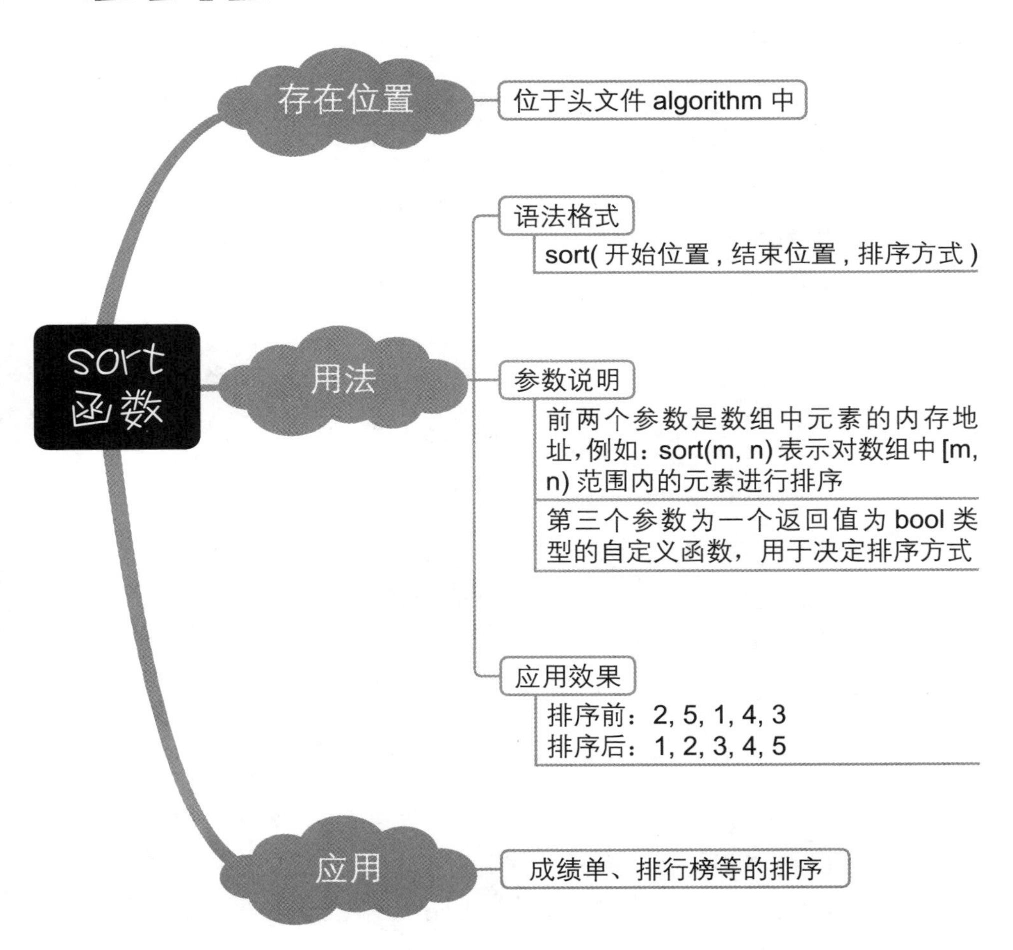

案例说明

下面编写一个小程序，对输入的成绩进行排序和求平均值。首先输入要处理的成绩的数量，然后输入要处理的成绩；将输入的成绩存储在数组中后，利用 sort 函数对成绩进行降序排序，再利用 for 循环语句计算成绩的平均值。

代码解析

```
1  #include <iostream>
2  #include <algorithm>
3  using namespace std;
4  bool cmp(int a, int b)
5  {
6      return a > b;
7  }
8  int main()
9  {
10     int n, score[100];
11     double sum = 0;
12     int temp = 0, show = 0;
13     cout << "需要处理的成绩数量是：";
14     cin >> n;
15     cout << "请依次输入成绩（以空格分开）：";
16     for (int a = 0; a < n; a++)
17     {
18         cin >> temp;
19         if (temp < 0 || temp > 100)
```

帮助指定排序方式为降序排序的代码块

```
20          {
21              a--;
22              show++;
23          }
24          else
25          {
26              score[a] = temp;
27          }
28          if ((show + a + 1) == n && a < (n - 1))
29          {
30              cout << "有" << show << "个成绩不在
            0～100范围内，请重新输入！" << endl;
31              show = 0;
32          }
33      }
34      sort(score, score + n, cmp);→ 对输入的成绩进行降序排序
35      cout << "成绩由高到低排序为：";
36      for (int a = 0; a < n; a++)
37      {
38          cout << score[a] << " ";→ 输出排序后的成绩并同时累加成绩，计算成绩总和
39          sum = sum + score[a];
40      }
41      cout << endl;
42      cout << "平均成绩为：" << sum / n;→ 计算并输出平均成绩
43      return 0;
44  }
```

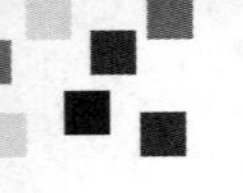

保存以上代码后按【F11】键运行，根据提示输入相应内容，即可得到如下所示的运行结果。

运行结果

```
需要处理的成绩数量是：5
请依次输入成绩（以空格分开）：98 95 101 92 96
有1个成绩不在0～100范围内，请重新输入！
100
成绩由高到低排序为：100 98 96 95 92
平均成绩为：96.2
```

要点分析

1. sort 函数的前两个参数是必需参数，其值为数组元素的内存地址（注意，不是索引位置），用于指定要排序的数组元素的范围。开始位置是要排序的第一个元素的内存地址，结束位置则是要排序的最后一个元素的下一个元素的内存地址。在 C++ 中，数组名称代表第一个元素的内存地址，因此，第 34 行代码中的 score 和 score + n 就代表排序范围是数组的第一个元素到最后一个元素。

2. sort 函数的第三个参数为排序方式，该参数为可选参数，可以省略，如果省略，则默认按升序排序。如果要指定排序方式，则要创建一个自定义函数作为第三个参数。第 4 ～ 7 行代码即创建了一个返回值为 bool 类型的自定义函数（第 7 章将会讲解自定义函数的知识），作为第三个参数，以实现降序排序。

043　随机函数 rand 和 srand

案　例　猜拳游戏

文件路径　案例文件 \ 第 6 章 \ 随机函数 rand 和 srand.cpp

本案例要讲解的是随机函数 rand 和 srand。rand 函数用于产生随机数，但是每次产生的随机数都是相同的。srand 函数用于初始化随机数发生器。将二者一起使用，可以使每次产生的随机数都不相同。

思维导图

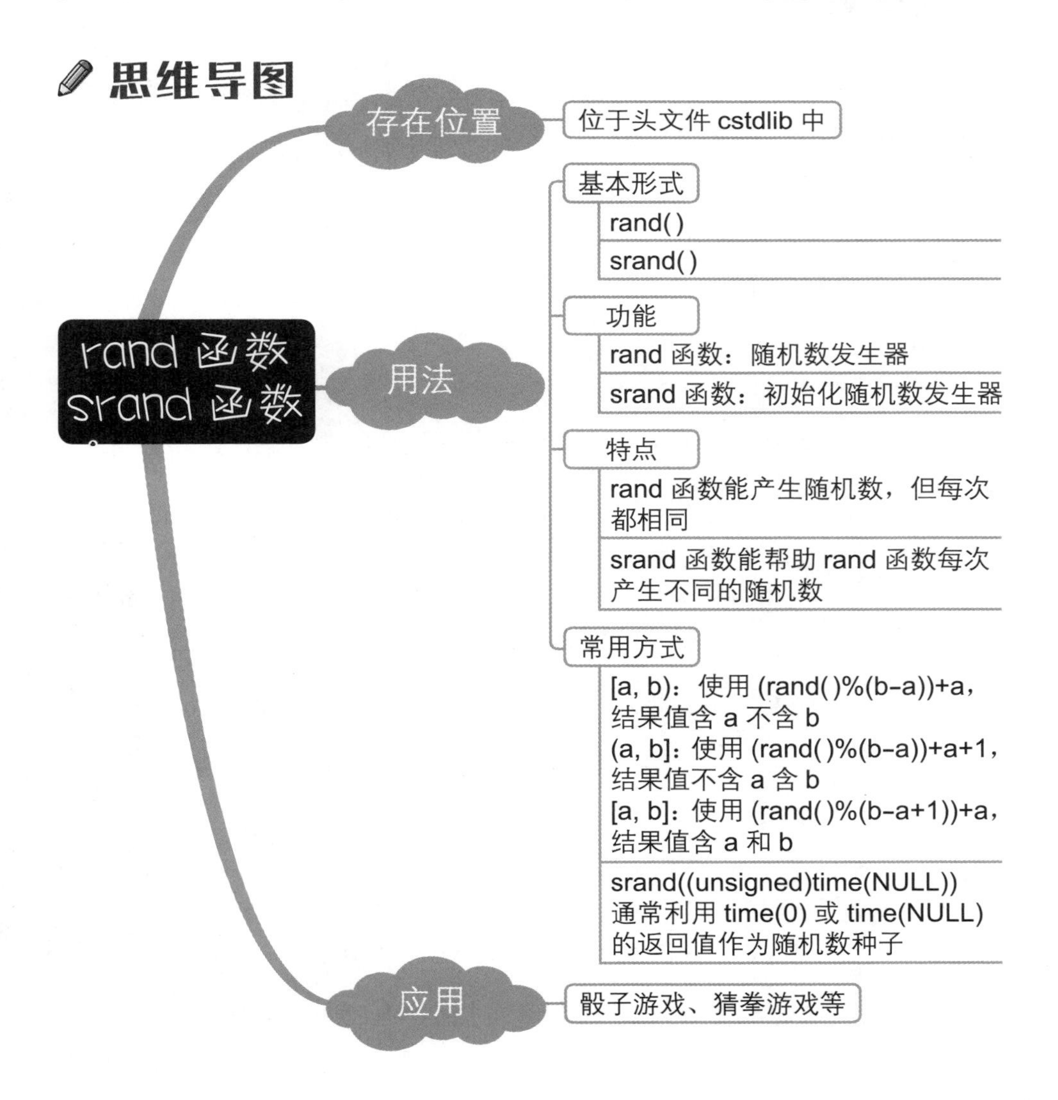

案例说明

本案例要编写一个猜拳游戏，用数字 1、2、3 分别代表出拳的种类“石头”“剪刀”“布”。先由玩家输入一个数字作为玩家的出拳，然后生成一个 1 ～ 3 范围内的随机整数作为计算机的出拳，再将两者进行比较，判断游戏的胜负。其中，计算机的随机出拳结合使用随机函数 rand 和 srand 来实现。

代码解析

```
1   #include <iostream>
2   #include <cstdlib>
3   #include <ctime>
4   using namespace std;
5   int main()
6   {
7       int a, b, c;
8       srand((unsigned)time(NULL));
9       while (true)                                  玩家先选择出拳种类
10      {
11          cout << "请输入选项前的数字【0.退出  1.石头
            2.剪刀 3.布】";
12          cin >> a;
13          if (a == 0)
14          {
15              cout << "游戏结束！";
16              break;
17          }
18          if (a != 1 && a != 2 && a != 3)
```

```
19          {
20              cout << "输入错误，重新输入！" << endl;
21              continue;
22          }
23          b = rand() % 3 + 1;  → 计算机随机选择出拳种类
24          if (b == 1)
25              cout << "计算机出石头" << endl;
26          else if (b == 2)
27              cout << "计算机出剪刀" << endl;
28          else if (b == 3)
29              cout << "计算机出布" << endl;      输出计算机的出拳种类
30          c = b - a;
31          if (c == 0)
32              cout << "平局" << endl;
33          else if (c == 1 || c == -2)
34              cout << "你赢了" << endl;
35          else
36              cout << "你输了" << endl;
37      }                                 比较玩家和计算机的出拳种类，判断游戏的胜负
38      return 0;
39  }
```

保存以上代码后按【F11】键运行，根据提示输入相应内容，即可得到如下所示的运行结果。

运行结果

```
请输入选项前的数字【0.退出 1.石头 2.剪刀 3.布】1
```

```
计算机出剪刀
你赢了
请输入选项前的数字【0.退出 1.石头 2.剪刀 3.布】2
计算机出石头
你输了
请输入选项前的数字【0.退出 1.石头 2.剪刀 3.布】3
计算机出布
平局
```

要点分析

1. rand 函数不需要任何参数，可以返回 0 ～ RAND_MAX 的一个随机整数，RAND_MAX 的具体值在头文件 cstdlib 中定义，一般情况下，RAND_MAX 的最小取值为 32 767。

2. srand 函数必须配合 rand 函数使用才能发挥其作用。srand 函数需要一个无符号整型数作为参数（种子），如果种子是一个固定值，那么每次运行时 rand 函数产生的随机数都会一样。因此，第 8 行代码中利用 time 函数获取当前系统时间作为随机数种子，让种子不断变化，这样每次运行时 rand 函数产生的随机数才会不同。

044 域宽函数 setw

案　例 输出商品价目单

文件路径 案例文件 \ 第 6 章 \ 域宽函数 setw.cpp

难度系数 ★★☆☆☆

本案例要讲解的是域宽函数 setw，它的功能是为输出内容设置

一个域宽，即指定输出内容需要占据多少个英文字符的位置，内容长度不足时，默认在内容前以空格填充，内容长度超过域宽时，则按内容的实际长度输出。要注意的是，setw 函数设置的域宽仅对紧跟其后的输出内容起作用。

思维导图

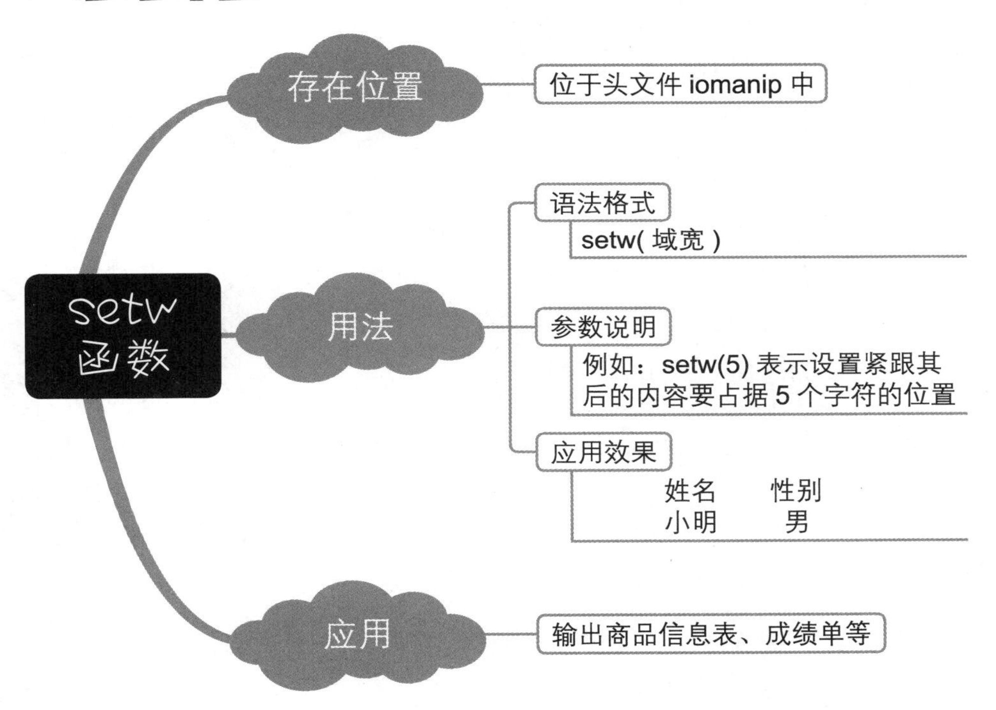

案例说明

商品价目单是具有规范格式的表格。下面利用 setw 函数编写一个小程序，将输入的商品价目信息以整齐的格式输出在屏幕上。

代码解析

```
1  #include <iostream>
2  #include <iomanip>
```

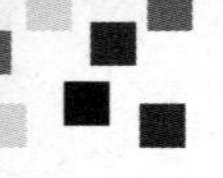


```
3   using namespace std;
4   int main()
5   {
6       int a, m[100], j=0;              ——> 定义变量和数组
7       float b, n[100];
8       cout << "输入商品的编号(5个)：" << endl;      输入商品编号
9       for (int i = 0; i < 5; i++)
10      {
11          cin >> a;
12          m[i] = a;
13      }
14      cout << "输入商品的价格(5个)：" << endl;      输入商品价格
15      while (cin >> b)
16      {
17          if (b < 0)
18              cout << "输入的价格有误，请重新输入：";
19          else
20          {
21              n[j] = b;
22              j++;
23              if (j == 5)
24                  break;
25          }
26      }
27      cout << "商品编号" << setw(10) << "商品价格"
        << endl;
28      cout << fixed << setprecision(2);
```

```
29	    for (int k = 0; k < 5; k++)
30	        cout << setw(5) << m[k] << setw(13) <<
	        n[k] << endl;
31	    return 0;
32	}
```

输出商品价目表

保存以上代码后按【F11】键运行，并输入相应内容，运行结果如下所示。

运行结果

```
输入商品的编号(5个):
12 23 48 66 92
输入商品的价格(5个):
-5.5
输入的价格有误，请重新输入: 5.5
6.39 9.22 15.6 100
商品编号   商品价格
   12          5.50
   23          6.39
   48          9.22
   66         15.60
   92        100.00
```

要点分析

1　setw 函数的参数为整型，如果设置参数为浮点数，则会自动舍弃小数点后的部分。例如，setw(8.4) 和 setw(8.6) 都等同于 setw(8)。

2 第 28 行代码结合使用 fix 标志和 setprecision 函数控制浮点数的输出形式，即设置商品价格以非科学计数法形式输出，保留 2 位小数。

3 setw 函数仅对紧跟其后的输出内容起作用。第 27 行代码中的 setw(10) 仅对紧跟其后的输出内容“商品价格”字符串起作用，因为 1 个汉字字符占据 2 个英文字符位置，所以“商品价格”字符串占据 8 个英文字符位置，而设置的域宽是 10，所以在“商品价格”前用 2 个空格填充。同理，第 29 ～ 30 行代码的输出原理如图 6-1 所示。

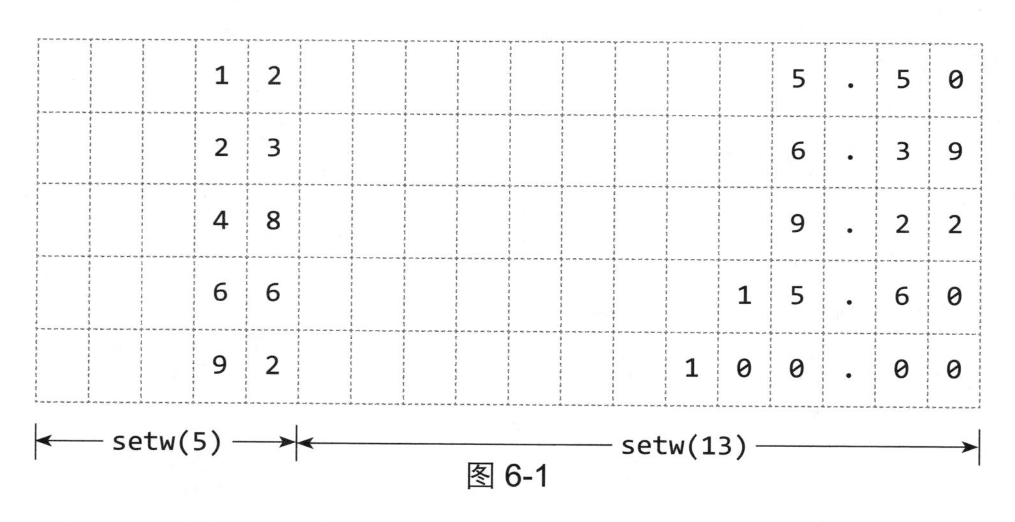

图 6-1

045 去重函数 unique

案　例 生成奖券号码

文件路径 案例文件 \ 第 6 章 \ 去重函数 unique.cpp

难度系数 ★★★☆☆

本案例要讲解的是去重函数 unique，顾名思义，该函数的作用是去掉重复的元素，一般应用在筛选和计数的过程中。

思维导图

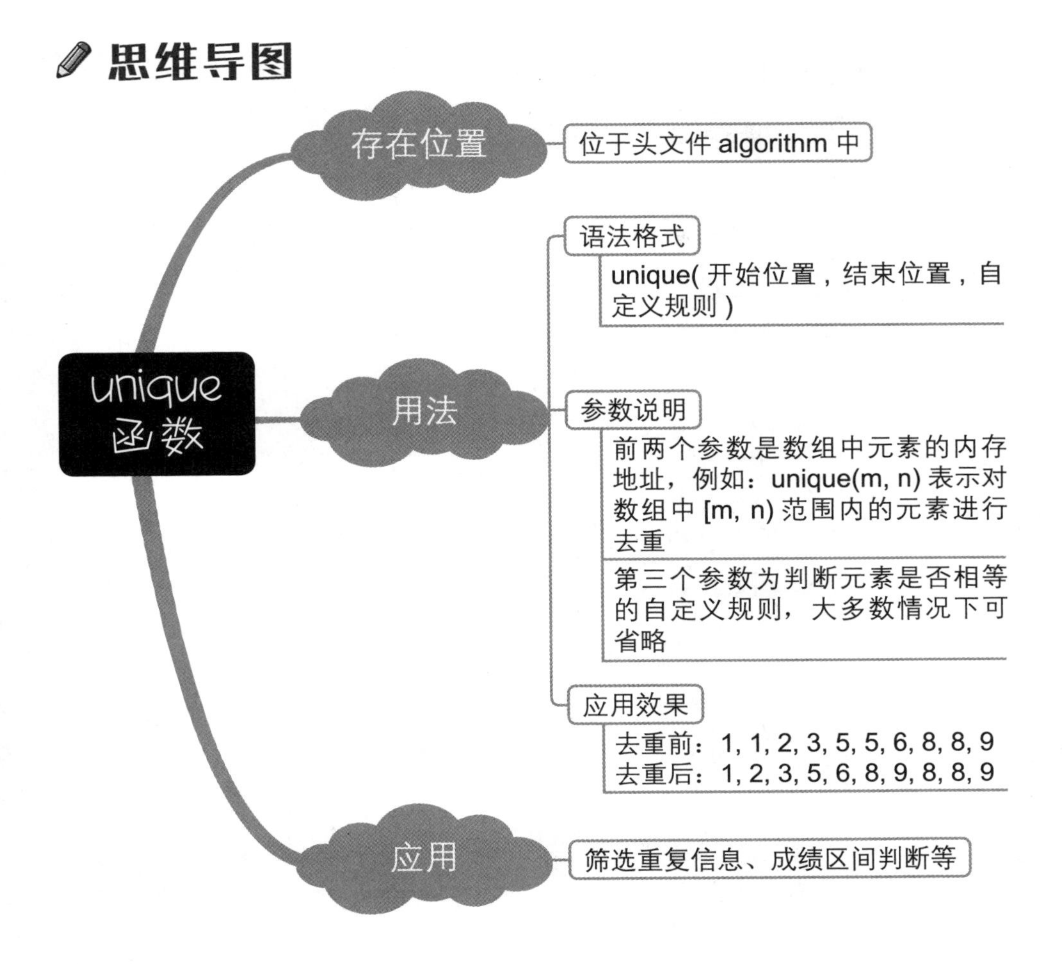

案例说明

假设需要制作一批奖券，奖券的号码是 1 ～ 9 的整数，并且不能重复。下面利用 unique 函数编写一个小程序，按照上述要求生成一批奖券的号码。

代码解析

```
1  #include <iostream>
2  #include <algorithm>
3  #include <ctime>
```

```
4   using namespace std;
5   int main()
6   {
7       int a[10];
8       int c, m=1, n=9, x;
9       srand((unsigned)time(NULL));
10      cout << "随机生成的号码为：";
11      for (int i = 0; i < 10; i++)
12      {
13          x = (rand() % (n - m + 1)) + m;
14          a[i] = x;
15          cout << a[i] << " ";
16      }
17      cout << endl;
18      sort(a, a + 10);
19      cout << "排序后的号码为：";
20      for (int j = 0; j < 10; j++)
21          cout << a[j] << " ";
22      cout << endl;
23      c = unique(a, a + 10) - a;
24      cout << "去重后的号码为：";
25      for (int k = 0; k < c; k++)
26          cout << a[k] << " ";
27      return 0;
28  }
```

生成随机数组并输出，数组元素的取值范围为1～9的整数

由小到大排序数组元素并输出排序结果

对数组元素进行去重并输出不含重复元素的部分

保存以上代码后按【F11】键运行，即可得到如下所示的运行结果。

运行结果

```
随机生成的号码为：5 1 4 6 3 7 6 4 9 1
排序后的号码为：1 1 3 4 4 5 6 6 7 9
去重后的号码为：1 3 4 5 6 7 9
```

要点分析

1. 第 9 ～ 16 行代码利用本章前面所讲的 rand 和 srand 函数生成了一批随机数，作为奖券的号码存储在一个一维数组中，这些号码中不可避免地会有重复值，因此需要接着进行去重操作。

2. 使用 unique 函数去重之前，应对数组中的元素进行排序，因为 unique 函数针对的是相邻的元素。在第 18 行代码中使用了本章前面所讲的 sort 函数来完成排序。

3. unique 函数的三个参数的含义和 sort 函数的三个参数的含义类似，这里不再详细解释。unique 函数的去重过程不是将重复的元素删除，而是把不重复的元素依次复制到前面来取代重复的元素。因此，去重后得到的数组分为两部分：前一部分为提取出的所有不重复元素，是我们需要的；后一部分则通常没有什么用，可以舍弃。unique 函数的返回值是最后一个不重复元素的下一个元素的内存地址，第 23 ～ 26 行代码就是利用 unique 函数的返回值输出了我们需要的前一部分数组元素。

第 7 章

自定义函数

自定义函数是用户自己创建的函数。本章将通过几个实用的案例带领大家感受自定义函数的魅力，包括递归函数、随机数组函数、布尔函数、分解函数、勾股数函数、阶乘函数。

046　自定义递归函数

案　　例　斐波那契数列

文件路径　案例文件 \ 第 7 章 \ 自定义递归函数 .cpp

递归函数是指一个函数在内部调用它自己，以完成重复的操作。递归函数可以用于完成阶乘运算、求解汉诺塔问题等。本案例就来创建一个自定义的递归函数，用于完成斐波那契数列的相关计算。

思维导图

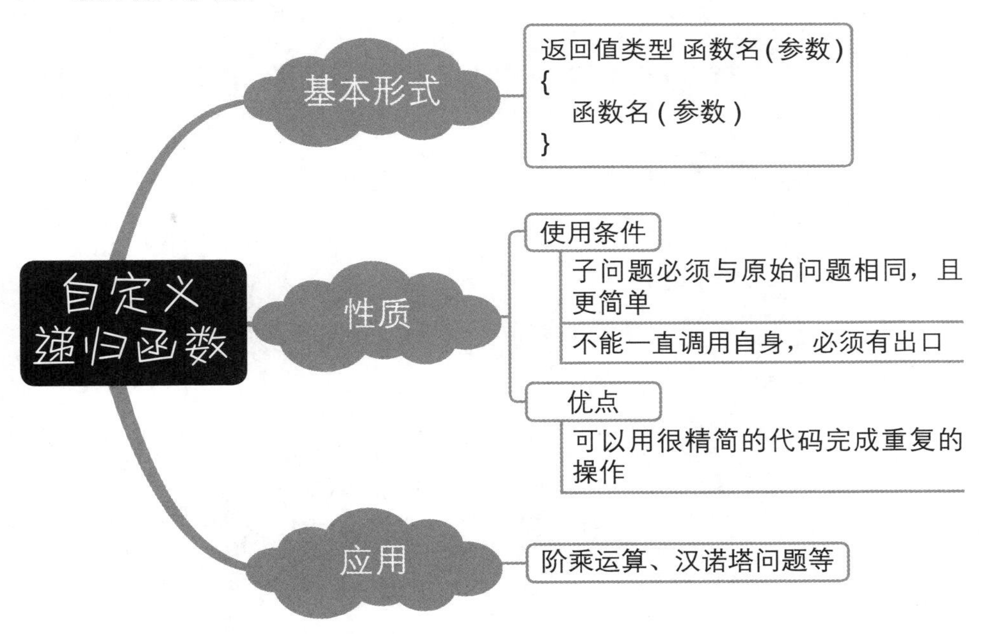

案例说明

斐波那契数列指的是这样一个数列：1、1、2、3、5、8、13、21、34……这个数列的第 1 项和第 2 项均为 1，从第 3 项开始，每一项都等于前两项之和。在数学上，斐波那契数列可以用递推的方法定义：$F(1)=1$，$F(2)=1$，$F(n) = F(n-1) + F(n-2)$（n 为大于或等于

3 的正整数）。下面利用自定义的递归函数编写一个小程序，查询斐波那契数列的指定项上的数。

代码解析

```
1   #include <iostream>
2   using namespace std;
3   int rec(int n)
4   {
5       if (n == 0)
6       {
7           return 0;
8       }
9       else if (n == 1)
10      {
11          return 1;
12      }
13      else
14      {
15          return rec(n - 1) + rec(n - 2);
16      }
17  }
18  int main()
19  {
20      int n;
21      cout << "请输入要查询数列的第几项：" << endl;
22      while (cin >> n)
23      {
```

自定义递归函数

```
24          cout << "数列的第" << n << "项为: ";
25          cout << rec(n) << endl;
26          cout << endl;
27      }
28      return 0;
29  }
```

保存以上代码后按【F11】键运行，根据提示输入相应内容，即可得到如下所示的运行结果。

运行结果

```
请输入要查询数列的第几项:
10
数列的第10项为: 55
```

要点分析

1. 第 3～17 行代码创建了一个自定义函数，该函数有一个参数 n，表示要查询的是数列的第几项。函数的定义代码中利用多分支的 if-else 语句构造了一个判断的过程，根据 n 的值来决定函数的返回值。其中，第 15 行代码调用了该自定义函数自身，这就是递归。

2. 本案例所创建的自定义递归函数不会无限调用自身，每输入一个 n 值，便会执行 n-1 次递归，且必

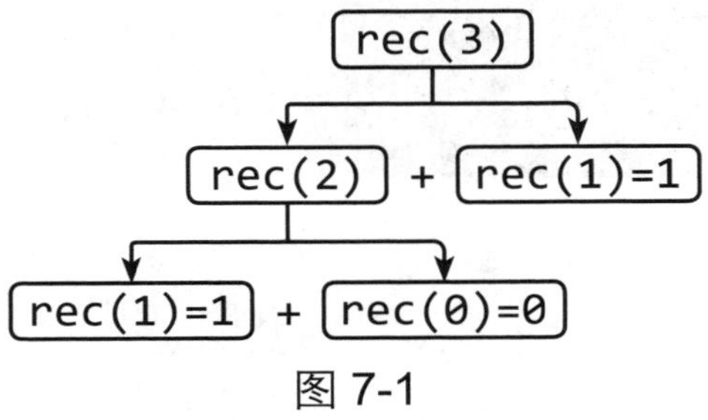

图 7-1

然会返回一个结果。以输入的 n = 3 为例，递归函数的调用过程如图 7-1 所示。

3 在设计递归函数时应注意，递归的过程不能太复杂，否则在运行时会导致运算时间过长。本案例仅为演示递归函数的原理，输入的数字不能太大，否则会导致递归的层次太深，以至于超出系统的承受能力，无法得到正确的计算结果。

047 自定义随机数组函数

案　　例　随机分座位

文件路径　案例文件 \ 第 7 章 \ 自定义随机数组函数 .cpp

本案例将创建一个自定义的随机数组函数，它的功能是在指定范围内生成一个包含不重复元素的数组，元素以乱序排列。这个函数可以用于模拟一些随机性较强的事件，如彩票号码的生成、游戏的分组等。

思维导图

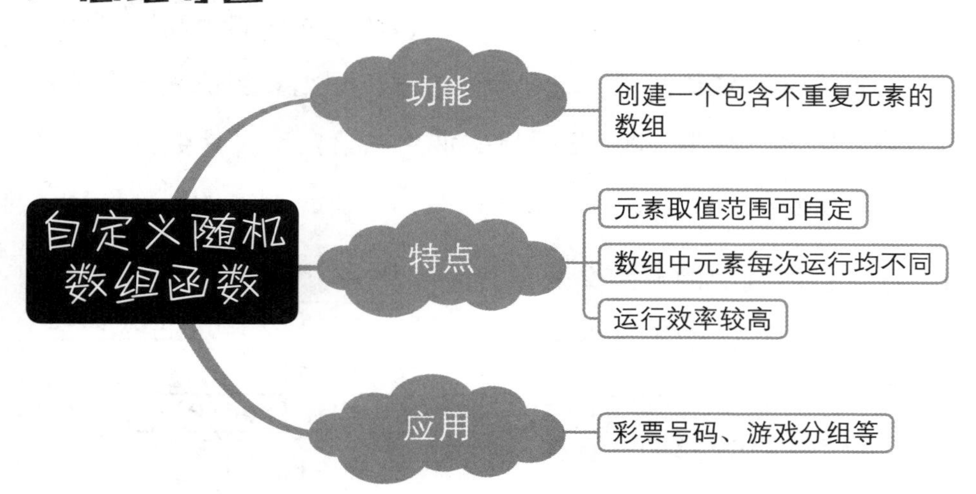

案例说明

假设要将 10 个小朋友安排到座位号为 11 ～ 20 的座位上观看演出，采取抓阄的方式随机分配座位，这个问题在本质上是将 11 ～ 20 共 10 个整数打乱顺序，这里通过创建一个自定义随机数组函数来达到目的。该函数是一个指针函数（指针的知识将在第 155 ～ 158 页详细讲解），能够在指定范围 [a，b] 内生成一个包含不重复元素的数组。

代码解析

```
1  #include <iostream>
2  #include <cstdlib>
3  #include <ctime>
4  #include <iomanip>
5  using namespace std;
6  int *random_array(int a, int b)
7  {
8      int *m = new int[10];
9      srand((unsigned)time(NULL));
10     for (int i = 0; i < 10; i++)
11     {
12         m[i] = rand() % (b - a + 1) + a;
13         for (int j = 0; j < i; j++)
14         {
15             if (m[i] == m[j])
16             {
17                 i--;
18                 break;
```

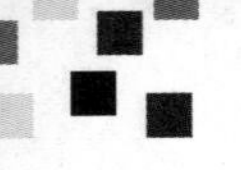


```
19                  }
20              }
21          }
22          return m;                              自定义随机
23      }                                          数组函数
24      int main()
25      {
26          string c[10] = {"小明", "小红", "小刚", "小强
            ", "小李", "小华", "小张", "小彬", "小丁", "小
            丽"};
27          int *n = random_array(11, 20);→调用自定义函数
28          cout << "座位分配的结果为: " << endl;
29          for (int k = 0; k < 10; k++)
30          {
31              cout << setw(8) << c[k] << setw(6) <<
                n[k] << "号" << endl;
32          }
33          return 0;
34      }
```

保存以上代码后按【F11】键运行，即可得到如下所示的运行结果。

运行结果

```
座位分配的结果为:
    小明    20号
    小红    15号
```

```
小刚        19号
小强        13号
小李        12号
小华        16号
小张        11号
小彬        18号
小丁        17号
小丽        14号
```

要点分析

1 第 6 ～ 23 行代码创建了一个自定义函数 random_array：首先创建一个大小为 10 的空数组 m，再结合使用前面学过的 srand 函数和 rand 函数生成指定范围内的随机整数并存入数组 m 中；然后利用一个嵌套循环判断是否有重复值，若存在重复值，则跳出循环，重新生成当前位置的随机数，若不存在重复值，则继续生成下一个位置的随机数；最后将创建好的数组 m 的地址作为该函数的返回值返回调用处。

2 第 8 行代码中，需要使用关键字 new 来初始化数组，否则每次创建的数组都会保持相同的值，且元素在数组中的位置不变。

3 第 27 行代码调用了自定义函数，其调用方式有些特殊，将自定义函数的返回值存储在一个指针变量之中。

4 第 31 行代码使用前面学过的 setw 函数使输出结果更整齐。

5 本案例中生成的随机数组大小固定为 10，读者如果有兴趣，可以尝试修改程序，让生成的数组大小依据函数的两个参数变化，从而提高程序的灵活性。

048 自定义布尔函数

案　例　寻找回文数

文件路径　案例文件 \ 第 7 章 \ 自定义布尔函数 .cpp

顾名思义，布尔函数的返回值是布尔值，即返回值不是 0 就是 1，它用于判断指定的条件是否成立：如果指定的条件成立，则布尔函数返回 1；如果指定的条件不成立，则布尔函数返回 0。

思维导图

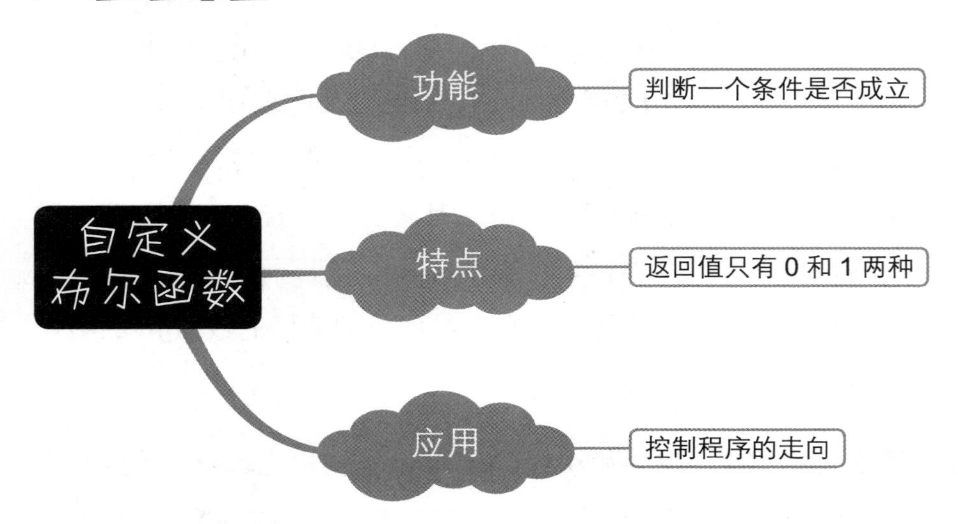

案例说明

回文数，就是不管正着读还是倒着读都为同一个数。本案例要通过编程找出 11 ～ 9999 范围内所有自身、自身的平方值、自身的立方值都是回文数的整数。在编程时，将判断某个整数是否为回文数的代码设计为自定义布尔函数，再通过调用该自定义函数，找出满足上述 3 个条件的回文数。

代码解析

```
1  #include <iostream>
2  using namespace std;
3  bool num(int a)
4  {
5      int b = a;
6      int c = 0;
7      while (b > 0)
8      {
9          c = c * 10 + b % 10;
10         b /= 10;
11     }
12     return c == a;
13 }
14 int main()
15 {
16     for (int c = 11; c <= 9999; c++)
17     {
18         if (num(c) && num(c * c) && num(c * c * c))
19         {
20             cout << "c=" << c << "  ";
21             cout << "c*c=" << c*c << "  ";
22             cout << "c*c*c=" << c*c*c << endl;
23         }
24     }
25     return 0;
26 }
```

将要判断的整数的各位数字倒序排列

判断倒序排列后的整数是否和原来相同，并返回判断结果

调用自定义函数进行判断并输出满足条件的整数

保存以上代码后按【F11】键运行，即可得到如下所示的运行结果。

运行结果

```
c=11   c*c=121   c*c*c=1331
c=101   c*c=10201   c*c*c=1030301
c=111   c*c=12321   c*c*c=1367631
c=1001   c*c=1002001   c*c*c=1003003001
```

要点分析

1. 本案例创建的自定义布尔函数只有 1 个参数，即需要判断的整数。该整数在第 16 行代码中利用循环语句依次列举出来，在第 18 行代码中作为参数传递给自定义布尔函数进行判断。

2. 第 5 ～ 12 行代码是自定义布尔函数的主体。第 7 ～ 11 行代码的 while 循环将要判断的整数的各位数字倒序排列，第 12 行代码判断倒序排列后的整数是否和原来的相同，并返回判断结果。

3. 第 18 行代码根据自定义布尔函数的返回值判断当前整数是否同时满足设定的 3 个条件，并输出满足条件的整数。

049 自定义分解函数

案　例 分解大作战

文件路径 案例文件 \ 第 7 章 \ 自定义分解函数 .cpp

难度系数 ★★★☆☆

本案例将创建一个自定义的分解因数的函数，它能对一个指定的整数进行因数分解，并将分解结果组合成乘法算式的形式。

思维导图

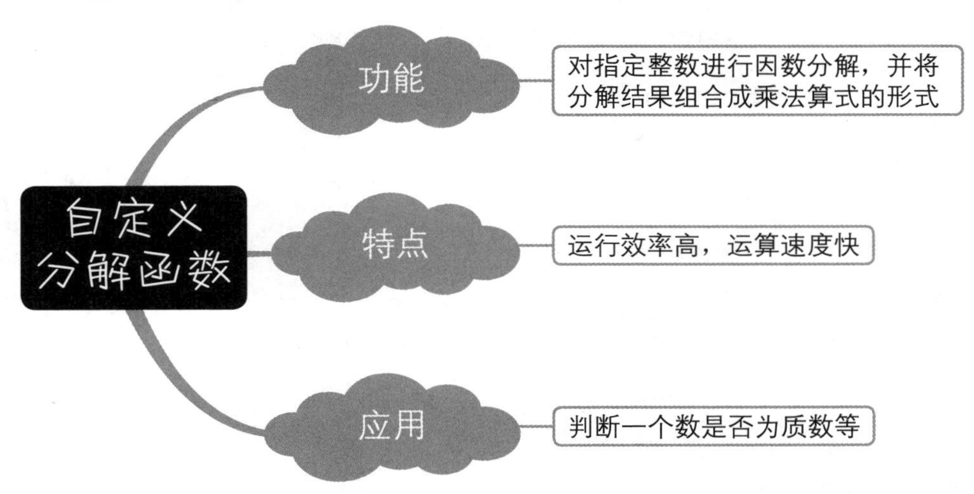

案例说明

因数分解就是把一个正整数写成几个因数的乘积的形式。本案例中，要分解的整数 m 通过键盘输入，然后通过枚举法，依次用 2～m 范围内的整数作为除数，去判断 m 能否被这些数整除，最后用找到的因数组成乘法算式。

代码解析

```
1  #include <iostream>
2  #include <string>     ┐
3  #include <sstream>    ┘──→字符串流头文件
4  using namespace std;
5  void decompose(int m, int n, string a)
6  {
7      if (m == 1)
8      {
```

```
 9            a += "1";
10            cout << a << endl;        → 判断输入的数是否为 1，
11            return;                     若是 1，则不用分解
12        }
13        else
14        {                                 若不是 1，则进行因
15            for (int i = n; i <= m; i++)  数分解操作
16            {
17                if (m % i == 0)
18                {
19                    stringstream x;
20                    x << i;
21                    string b = a + x.str() + " × ";
22                    decompose(m / i, i, b);
23                }
24            }
25        }
26    }
27    int main()
28    {
29        int z;
30        cout << "请输入你要分解的数：";
31        cin >> z;
32        string a = "";
33        decompose(z, 2, a);           → 输出因数分解的结果
34        cout << a << endl;
35    }
```

保存以上代码后按【F11】键运行，根据提示输入要分解的整数，如 100，然后按【Enter】键，即可得到如下所示的运行结果。

运行结果

```
请输入你要分解的数：100
2 × 2 × 5 × 5 × 1
2 × 2 × 25 × 1
2 × 5 × 10 × 1
2 × 50 × 1
4 × 5 × 5 × 1
4 × 25 × 1
5 × 20 × 1
10 × 10 × 1
100 × 1
```

要点分析

1. 本案例创建的自定义分解函数有 3 个参数 m、n、a。m 代表需要分解的数，n 代表枚举法的起始数字，a 是用于存储分解结果的字符串。

2. 第 7 ～ 25 行代码是自定义分解函数的主体部分，对需要分解的数 m 分两种情况进行处理：当 m 为 1 时，不用分解，直接返回自身；当 m 为大于 1 的正整数时，便通过枚举法，依次用 n ～ m 范围内的整数作为除数，去判断 m 能否被这些数整除。

3. 第 22 行代码使用了递归的思想调用自定义函数自身，将 m 分解到不能再分解为止。

4 第 33 行代码调用自定义分解函数，设置最小的除数为 2，即从最小的质数开始寻找因数。

050 自定义勾股数函数

案　　例　找出勾股数

文件路径　案例文件 \ 第 7 章 \ 自定义勾股数函数 .cpp

勾股数是可以构成一个直角三角形 3 条边的 3 个正整数，也就是说，如果用 a、b、c 代表这 3 个正整数，那么根据勾股定理，它们满足等式 $a^2 + b^2 = c^2$。本案例将创建一个自定义函数，在指定的范围内找出所有勾股数。该函数无返回值，主体代码是一个计算和判断的过程。

思维导图

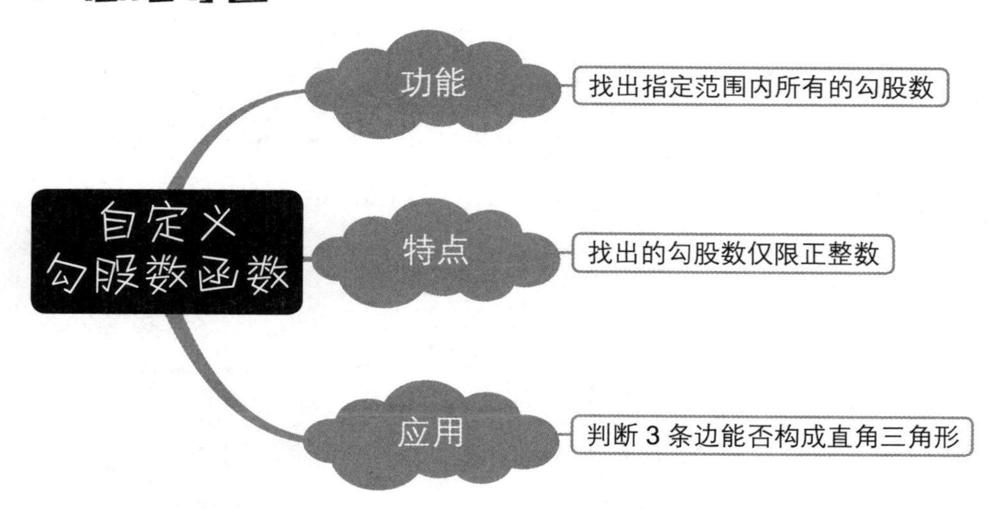

案例说明

假设现在需要快速找出 1 ～ n 范围内的所有勾股数。首先计算

1 ～ n 范围内任意两个正整数 a 和 b 的平方和 d，然后将 d 开方并取整得到 c，如果 c 的平方与 d 相等，并且 c 也在 1 ～ n 范围内，则 a、b、c 就是找到的一组勾股数。在编程时可以利用循环语句和分支语句的嵌套完成这个计算和判断的过程。

代码解析

```
1   #include <iostream>
2   #include <cmath>
3   using namespace std;
4   void fun(int n)
5   {
6       int a, b, c, d;
7       for (a = 1; a < n - 1; a++)
8       {
9           for (b = a + 1; b < n; b++)
10          {
11              d = a * a + b * b;
12              c = sqrt(d);
13              if (c * c == d && c <= n)
14              {
15                  cout << "勾股数可以为: " << a <<
                    "," << b << "," << c << endl;
16                  cout << a << "*" << a << "+" <<
                    b << "*" << b << "=" << c <<
                    "*" << c << endl;
17                  cout << endl;
18              }
```

```
19          }
20      }
21  }
22  int main()
23  {
24      int n;
25      cout << "请输入区间范围最大值：";
26      cin >> n;
27      cout << endl;
28      fun(n);
29  }
```

指定区间最大值（第25～26行）

保存以上代码后按【F11】键运行，根据提示输入区间范围最大值，如 20，然后按【Enter】键，即可得到如下所示的运行结果。

运行结果

```
请输入区间范围最大值：20

勾股数可以为：3,4,5
3*3+4*4=5*5

勾股数可以为：5,12,13
5*5+12*12=13*13

勾股数可以为：6,8,10
6*6+8*8=10*10
```

```
勾股数可以为：8,15,17
8*8+15*15=17*17

勾股数可以为：9,12,15
9*9+12*12=15*15

勾股数可以为：12,16,20
12*12+16*16=20*20
```

要点分析

1 本案例和上一个案例创建的都是无返回值的自定义函数，其基本语法格式为：

```
void 函数名（参数）
{
    函数主体
}
```

关键字 void 就表示无返回值。这种类型的自定义函数虽然没有返回值，但是也可以使用 return 语句。上一个案例中的自定义函数需要在特定条件下提前结束运行，所以使用了 return 语句。本案例中的自定义函数可以自然结束运行，所以省略了 return 语句。

2 第 6 ～ 20 行代码是自定义函数的主体代码。首先定义了 4 个整型变量 a、b、c、d，然后根据勾股数的特点，创建了一个嵌套循环来计算 a 和 b 的平方和并赋值给 d，对 d 进行开方后赋值给 c，由于 c 的类型是整型，所以赋值的同时也进行了取整，然后判断c的平方是否与d相等，并且c是否在指定的范围之内，如果两个条件都满足，则 a、b、c 就为在指定的范围内找到的一组勾股数。

3 第 12 行代码中的 sqrt 函数的功能是进行开方运算，它位于头文件 cmath 中，因此，在第 2 行代码中引入了头文件 cmath。

051 自定义阶乘函数

案　例 计算组合数

文件路径 案例文件 \ 第 7 章 \ 自定义阶乘函数 .cpp

排列组合问题是研究符合指定要求的排列或组合可能出现的情况总数的数学问题。排列是指从给定个数的元素中取出指定个数的元素进行排序。组合则是指仅从给定个数的元素中取出指定个数的元素，不考虑排序。本案例以最简单的组合问题为例：从 n 个不同元素中取出 m 个不同元素（n 和 m 都是整数，$0 \leqslant m \leqslant n$），求一共有多少种取法。该问题的计算公式如下：

$$C_n^m = \frac{n!}{m!(n-m)!}$$

其中，类似 $n!$ 的算式称为阶乘，表示从 1 ～ n 的连续正整数相乘的积，用公式表示为：$n! = 1\times2\times3\times\cdots\times n$。此外，在排列组合问题中特别规定 0! = 1。

可以看出，上述组合问题计算公式的核心是阶乘，因此，本案例将创建一个用于计算阶乘的自定义函数，再通过调用这个自定义函数来求解组合问题。

思维导图

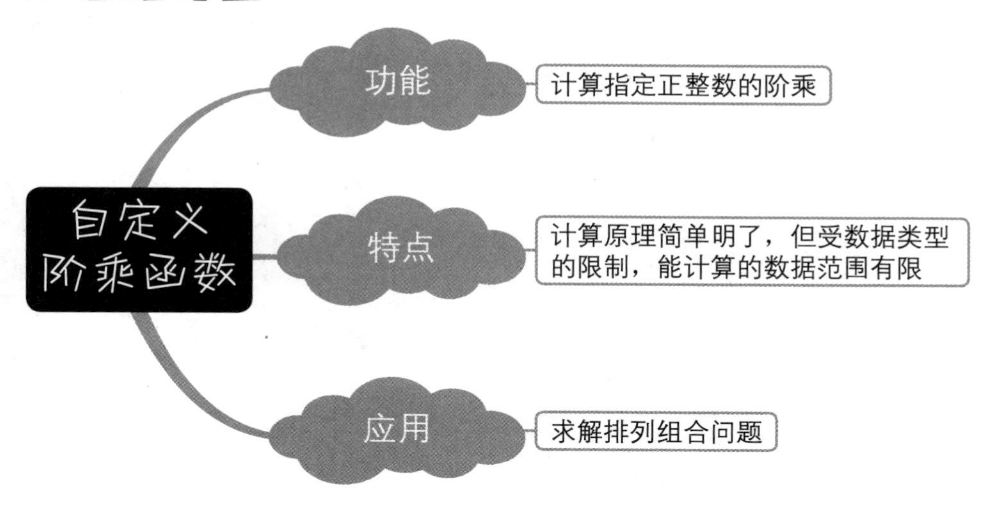

案例说明

假设现在要从 9 个小朋友中选出 3 个人打扫教室卫生，求一共有多少种选法。这个问题实质上是一个组合问题。本案例首先创建求阶乘的自定义函数，将总人数和要选出的人数作为参数，在主函数中输入参数并传递给自定义函数，完成阶乘运算，再进行乘法和除法运算，得出最终的结果。

代码解析

```
1   #include <iostream>
2   using namespace std;
3   int Factorial(int a)
4   {
5       int b = 1;
6       for (int i = 1; i <= a; i++)
7       {
```

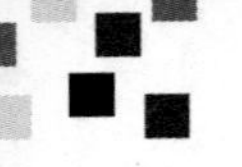


```
8          b *= i;
9      }                     ——→计算阶乘的自定义函数
10     return b;
11 }
12 int main()
13 {
14     int m, n, c;
15     cout << "请输入小朋友的总人数: ";
16     cin >> n;
17     cout << "请输入要选出的小朋友人数: ";
18     cin >> m;
19     if (n >= m)
20     {
21         c = Factorial(n) / (Factorial(m) * Fac-
           torial(n - m));——→调用自定义函数计算阶乘并求出组合数
22         cout << "从" << n << "个小朋友中任意选出"
           << m << "个人的选择方式有" << c << "种";
23     }
24     else
25     {
26         cout << "输入错误，无法计算";
27     }
28     return 0;
29 }
```

保存以上代码后按【F11】键运行，根据提示输入相应内容，即可得到如下所示的运行结果。

运行结果

```
请输入小朋友的总人数：9
请输入要选出的小朋友人数：3
从9个小朋友中任意选出3个人的选择方式有84种
```

要点分析

1 第 5 ～ 10 行代码是自定义阶乘函数的主体代码，原理比较简单，就是将 1 ～ a 的连续自然数利用乘法赋值运算符“*=”和 for 循环语句不断累乘，完成阶乘的计算。这里要特别说明一点：计算 0!（即 Factorial(0)）时，第 6 行 for 循环语句的表达式 2（即 i <= a）一开始就不成立，因此循环体一次都不会执行，最后返回的 b 仍为 1，符合 0! = 1 的规定。

2 阶乘的计算结果增长速度很快，如 12! 为 479 001 600（9 位数字），13! 则为 6 227 020 800（10 位数字）。而本自定义函数中变量的数据类型定义为 int，其取值范围的上限通常为 2 147 483 647（10 位数字）。因此，本自定义函数无法完成较大数的阶乘计算。

第 8 章

指针、类与对象

本章要讲解 C++ 编程中比较高阶的知识——指针、类与对象。指针涉及针对内存的操作，常和数组结合使用。类和对象则是 C++“面向对象”特质的体现。这些知识有一定的难度，本章将结合具体的案例，帮助大家更好地理解。

052　地址与指针

案　　例 交换两个变量的值

文件路径 案例文件 \ 第 8 章 \ 地址与指针 .cpp

在第 2 章中提到过，变量是用于指代数据的符号，这种说法只是为了方便大家理解变量的作用，实际上是不确切的。严格来说，变量代表的是内存地址。数据存储在计算机的内存中，内存就像是一个个房间，内存地址则是房间的编号，通过房间的编号可以访问房间，那么通过内存地址就可以存取内存中的数据。在编程时直接使用内存地址很不直观，而用变量来代表内存地址，使用起来就方便多了。一个变量所代表的内存地址称为该变量的指针，而指针变量则是一种特殊的变量，它专门用来存放另一个变量所代表的内存地址。后文提到的指针通常是指指针变量。通过指针可以简化一些 C++ 编程任务，有些任务（如动态内存分配）没有指针是无法完成的，但是，指针使用不当也可能会导致程序的崩溃。

思维导图

指针

指针的定义

用指针运算符“*”，语法格式为：数据类型 *指针名。例如：

int *p;

float *q;

数据类型即 C++ 中的数据类型，如 int、float 等

指针的命名规则与变量的命名规则相同

指针的数据类型要与所指向的变量的数据类型一致

指针的赋值

用取地址运算符“&”

在定义的同时赋值，例如：

int a = 5;

int *p = &a;

先定义后赋值，例如：

int a = 5;

int *p;

p = &a;

案例说明

在 C++ 中，要交换两个变量的值有很多种方法，最容易想到的方法就是利用一个中转变量。本案例则要编写一个自定义函数来交换两个变量的值，该函数功能的实现需要用到指针的知识。

代码解析

```
1   #include <iostream>
2   using namespace std;
3   void MySwap(int *q1, int *q2)
4   {
5       int temp;
6       temp = *q1;
7       *q1 = *q2;
8       *q2 = temp;
9   }
10  int main()
11  {
12      int a = 73, b = 98;
13      int *p1, *p2;
14      p1 = &a;
15      p2 = &b;
16      cout << "交换前：a=" << a << ", b=" << b << endl;
17      MySwap(p1, p2);
18      cout << "交换后：a=" << a << ", b=" << b << endl;
19      return 0;
20  }
```

保存以上代码后按【F11】键运行，即可得到如下所示的运行结果。

运行结果

```
交换前：a=73，b=98
交换后：a=98，b=73
```

要点分析

1. 第 12 ～ 15 行代码完成的是指针的定义和赋值的常规操作。第 12 行代码定义了两个变量 a 和 b 并为它们赋值；第 13 行代码定义了两个指针 p1 和 p2；第 14 行和第 15 行代码分别为指针 p1 和 p2 赋值，即将指针 p1 指向变量 a 所代表的内存地址，将指针 p2 指向变量 b 所代表的内存地址。其中要注意的是，指针的数据类型必须和它所指向的变量的数据类型一致。例如，这里将指针 p1 和 p2 的数据类型定义为 int，那么它们就只能用于指向数据类型为 int 的变量。

2. 在前面接触到的自定义函数都是按值传递参数的，也就是说，将实际参数传递进函数体内后，只是在形式参数中生成了实际参数的副本，在函数内改变形式参数的值并不会影响实际参数的值。而用指针作为参数传递进函数体内时，指针也产生了副本，但指针副本与原指针所指向的内存地址是同一个。在函数内改变指针副本所指向的内存地址中的数据，就是改变原指针所指向的内存地址中的数据。本案例中的自定义函数就是利用这一原理实现了变量值的交换。

3. 第 17 行代码将指针 p1 和 p2 作为函数 MySwap 的实际参数，

传递进函数体内后在形式参数 q1 和 q2 中生成了 p1 和 p2 的副本，因为 p1 和 p2 指向变量 a 和 b 所代表的内存地址，所以 q1 和 q2 同样指向变量 a 和 b 所代表的内存地址，再利用中转变量 temp 改变 q1 和 q2 指向的内存地址中的数据，就交换了变量 a 和 b 的值。

4 这里还需要讲解一下指针运算符“*”的用法，它在定义指针和使用指针时有不同的含义。在定义指针时，*p 表示声明变量 p 是一个指针，如第 13 行代码中的 *p1、*p2。在使用指针时，*p 则表示对指针 p 指向的内存地址进行操作，例如，*p 放在“=”的左边表示向 p 指向的内存地址中存入数据，*p 放在“=”的右边则表示从 p 指向的内存地址中取出数据。因此，第 6 行代码表示从 q1 指向的内存地址中取出数据（即变量 a 的值 73），存入变量 temp 中；第 7 行代码表示从 q2 指向的内存地址中取出数据（即变量 b 的值 98），存入 q1 指向的内存地址中；第 8 行代码表示将变量 temp 的值（即 73）存入 q2 指向的内存地址中。此时，q1 指向的内存地址中的数据是 98，q2 指向的内存地址中的数据是 73，也就代表完成了变量 a 和 b 的值的交换。

053 指针与数组

案　　例　竞选计票

文件路径　案例文件 \ 第 8 章 \ 指针与数组 .cpp

在 C++ 中，指针和数组是密切相关的：数组中的元素存储在一系列连续的内存地址中，每个元素占用相同大小的存储空间，而数

组名称实际上是数组中第一个元素的内存地址。因此，编程中常常利用指针来访问数组元素。

思维导图

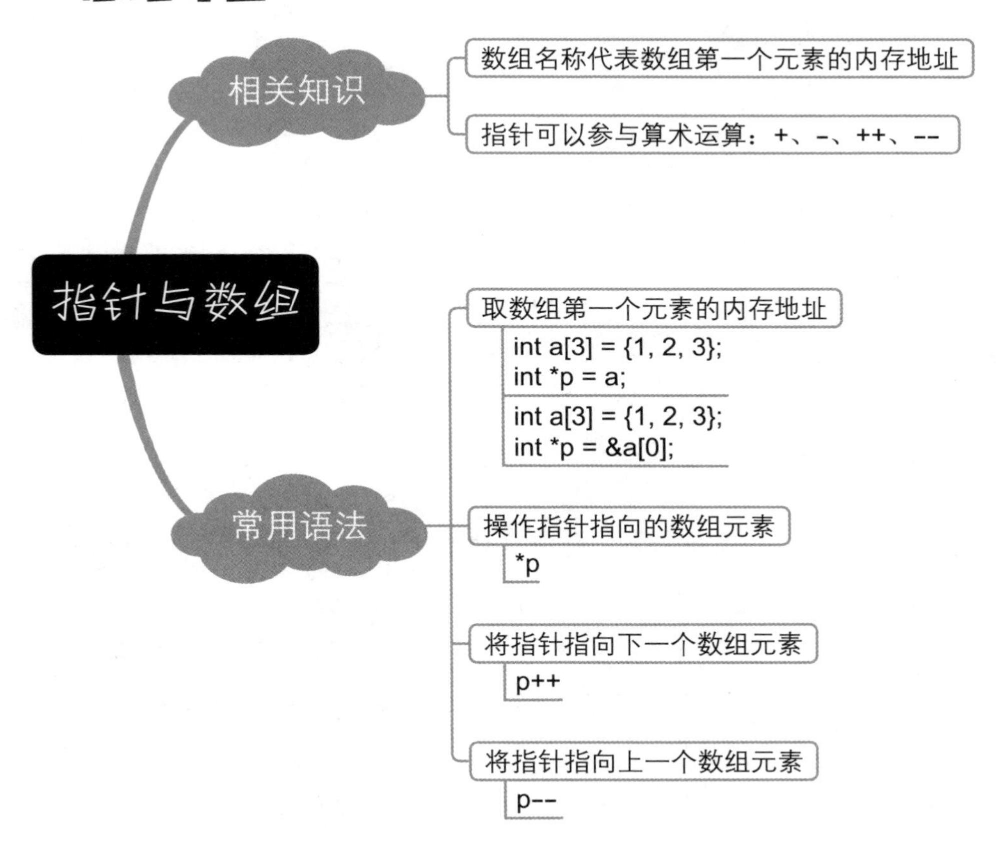

案例说明

假设有一个班级要重新竞选班长，有 3 个同学报名参选，他们的学号分别为 25、38、44，由 10 位同学对他们进行投票。下面利用指针编写一个计票的小程序。先创建存储竞选人学号的数组 name 及存储计票结果的数组 votes，然后依次输入每张选票上填写的竞选人学号并统计票数，最后输出计票结果。在统计票数和输出计票结果时会利用指针访问数组 name 和 votes 的元素。

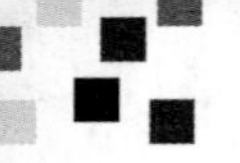

代码解析

```
1   #include <iostream>
2   using namespace std;
3   int main()
4   {
5       int name[3] = {25, 38, 44}, votes[3] = {0,
        0, 0};
6       int *n, *v;
7       int x = 0, y = 1;
8       cout << "竞选人的学号为：" << name[0] << "号 "
        << name[1] << "号 " << name[2] << "号" << endl;
9       while (y < 11)
10      {
11          cout << "请输入选票" << y << "上的竞选人
            学号：";
12          cin >> x;
13          if (x != 25 && x != 38 && x != 44)
14          {
15              cout << "输入值错误，请重新输入！" << endl;
16          }
17          else
18          {
19              n = name;
20              v = votes;
21              for (int i = 0; i < 3; i++)
22              {
23                  if (x == *n)
```

如果输入的不是竞选人学号，则要求重新输入

```
24                  {
25                      (*v)++;
26                  }
27                  n++;
28                  v++;
29              }
30              y++;
31          }
32      }
33      n = &name[0];
34      v = &votes[0];
35      for (int i = 0; i < 3; i++)
36      {
37          cout << *n << "号的票数为：" << *v << endl;
38          n++;
39          v++;
40      }
41      return 0;
42  }
```

如果输入的是竞选人学号，则根据学号累加相应的票数

输出计票结果

保存以上代码后按【F11】键运行，按照提示输入相应内容，即可得到如下所示的运行结果。

运行结果

```
竞选人的学号为：25号  38号  44号
请输入选票1上的竞选人学号：25
请输入选票2上的竞选人学号：23
```

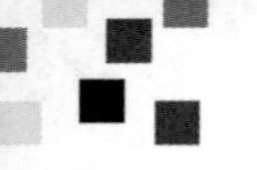


```
输入值错误，请重新输入!
请输入选票2上的竞选人学号：25
请输入选票3上的竞选人学号：44
请输入选票4上的竞选人学号：44
请输入选票5上的竞选人学号：39
输入值错误，请重新输入!
请输入选票5上的竞选人学号：38
请输入选票6上的竞选人学号：25
请输入选票7上的竞选人学号：44
请输入选票8上的竞选人学号：25
请输入选票9上的竞选人学号：44
请输入选票10上的竞选人学号：25
25号的票数为：5
38号的票数为：1
44号的票数为：4
```

要点分析

1. 第 5 行代码定义了两个长度均为 3 的数组，数组 name 用于存储竞选人学号，数组 votes 用于存储对应的计票结果（初始时票数均为 0）。数组名称代表第一个数组元素的内存地址，但它是一个常量，不能参与自增或自减运算，因此，在第 6 行代码中定义指针 n 和 v，用于在后续代码中分别代表数组 name 和 votes 中元素的内存地址。因为数组 name 和 votes 都是 int 型，所以这里将指针 n 和 v 也定义为 int 型。

2. 第 19 行和第 20 行代码分别表示将指针 n 和 v 指向数组 name 和 votes 的第一个元素的内存地址。第 21 ～ 29 行代码构造了

一个 for 循环，在循环体中利用指针 n 和 v 的自增运算遍历数组元素，根据输入的学号累加相应的票数。

3 在第一轮循环中，第 23 行代码中的 x 代表输入的学号，*n 代表数组 name 第一个元素的值；如果二者相等，就执行第 25 行代码，将 *v 代表的数组 votes 第一个元素的值自增 1，即将票数增加 1；第 27 行和第 28 行代码对指针 n 和 v 进行自增运算，表示将它们指向的内存地址向后移一位，那么下一轮循环中 *n 和 *v 代表的数组元素值也就相应变化了。这样就达到了依次访问和操作数组元素的目的。

4 第 33 行和第 34 行代码的含义与第 19 行和第 20 行代码的含义相同，这里只是为了演示而换了一种写法。

054　类和对象的创建与使用

案　　例　圆锥类

文件路径　案例文件 \ 第 8 章 \ 类和对象的创建与使用 .cpp

在第 1 章中提到过，C++ 是一种面向对象的高级编程语言。在编程中，“面向对象”和“面向过程”是两个对应的概念。本案例之前的所有程序，都是按照面向过程的方法编写的。面向过程就是分析出解决问题需要的步骤，然后用函数逐一实现这些步骤，使用时依次调用。面向对象则是把构成问题的有相关性的事物抽象成类，将事物的特征和行为分别用变量和函数来表示，并作为类的成员一起封装在类中；需要解决实际问题时，以类为模板创建出类的实例，也就是对象，然后使用对象实现特定的功能。面向对象编程的知识

比较抽象，大家可能一时还难以理解。下面先通过一个简单的案例来讲解如何进行类和对象的创建与使用。

思维导图

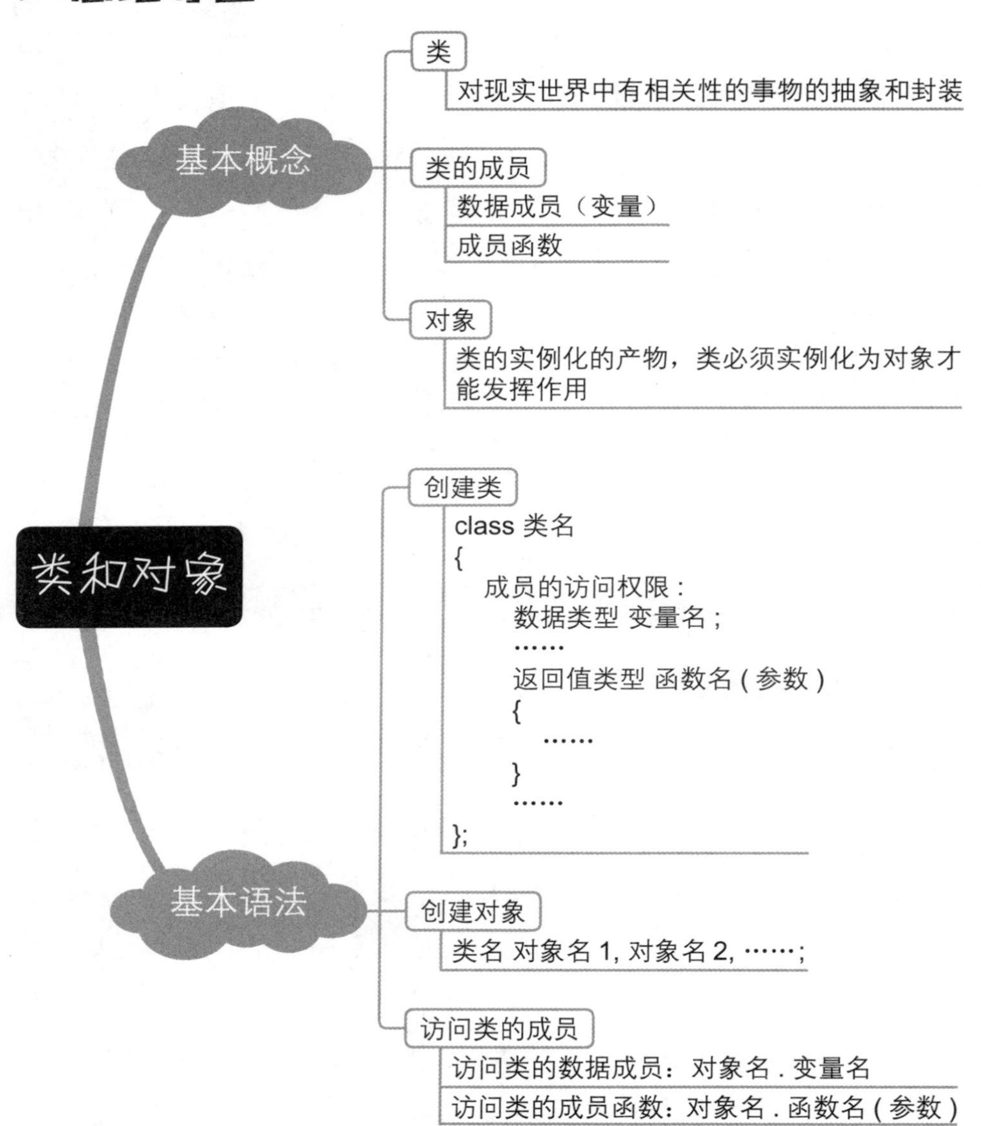

案例说明

本案例将依据面向对象的编程思想定义一个圆锥类，在该类中

封装计算圆锥的母线长度、表面积、体积的函数，然后在主函数中创建类的实例，即类的对象，再通过对象调用类的成员函数，完成计算。

代码解析

```
1   #include <iostream>
2   #define _USE_MATH_DEFINES ─┐
3   #include <cmath>          ─┘→ 为使用圆周率常量 M_PI 及开方函数 sqrt 引入相应的头文件
4   using namespace std;
5   class Cone ──→ 定义一个类，类名为 Cone
6   {
7       public: ──→ 指定下方类成员的访问权限，public 表示“公有的”
8           float l(float r, float h)          ─┐
9           {                                   │
10              return sqrt(r * r + h * h);     │
11          }                                   │
12          float S(float r, float h)           │
13          {                                   │ → 定义类的成员函数，用于进行所需计算
14              return M_PI * r * l(r, h) + M_PI * r * r;
15          }                                   │
16          float V(float r, float h)           │
17          {                                   │
18              return M_PI * r * r * h / 3;    │
19          }                                  ─┘
20  }; ──→ 结束类的定义，注意，这里的分号一定不能少
21  int main()
22  {
```

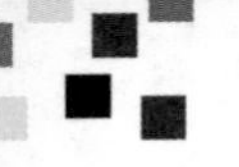


```
23      Cone c1, c2;        // 创建 Cone 类的 2 个对象，对象名分别为 c1 和 c2
24      cout << "圆锥1的表面积 = " << c1.S(2, 4) << endl;
25      cout << "圆锥1的体积 = " << c1.V(2, 4) << endl;
26      cout << "圆锥2的母线长度 = " << c2.l(3, 5) << endl;
27      cout << "圆锥2的体积 = " << c2.V(3, 5) << endl;
28      return 0;           // 通过创建的对象调用类的成员函数，完成所需计算
29  }
```

保存以上代码后按【F11】键运行，即可得到如下所示的运行结果。

运行结果

```
圆锥1的表面积 = 40.6656
圆锥1的体积 = 16.7552
圆锥2的母线长度 = 5.83095
圆锥2的体积 = 47.1239
```

要点分析

1 第 5 行代码定义了一个名称为 Cone 的类。类的命名规则和变量的命名规则基本相同。

2 面向对象编程的一个重要特点是数据封装，它能防止外部函数直接访问类的成员，因此，在定义类时需要指定类成员的访问权限，也就是指定能否在外部访问类成员。访问权限共有 3 种，分别为 public、private、protected。在一个类中可根据需求为不同的类成员指定不同的访问权限，如果不指明，则默认访问

权限为 private。第 7 行代码表示将下方的类成员的访问权限指定为 public，意思是这些类成员在类的外部是可访问的。访问权限的知识将在下一节详细讲解。

3 第 8 ～ 19 行代码为类定义了 3 个成员函数，分别用于计算圆锥的母线长度、表面积、体积。

4 第 20 行代码中的“;”是表示类定义结束的符号，不可缺少。

5 完成类的定义后，要让类发挥作用，需要先进行类的实例化，也就是创建类的对象。第 23 行代码表示创建 Cone 类的 2 个对象，对象名分别为 c1 和 c2。对象的命名规则和变量的命名规则也基本相同。

6 创建了对象后，就可以通过对象访问类的成员。因为在定义 Cone 类时将 3 个成员函数的访问权限都指定为 public，所以它们都可以在类的外部访问。第 24 ～ 27 行代码即使用“对象名 . 函数名 (参数)”的格式分别调用所需函数完成了计算。

055　类成员的访问权限

案　　例　圆锥类

文件路径　案例文件 \ 第 8 章 \ 类成员的访问权限 .cpp

在上一节中提到，类成员的访问权限共有 3 种，分别为 public、private、protected。本节就来详细讲解这 3 种访问权限的知识。

思维导图

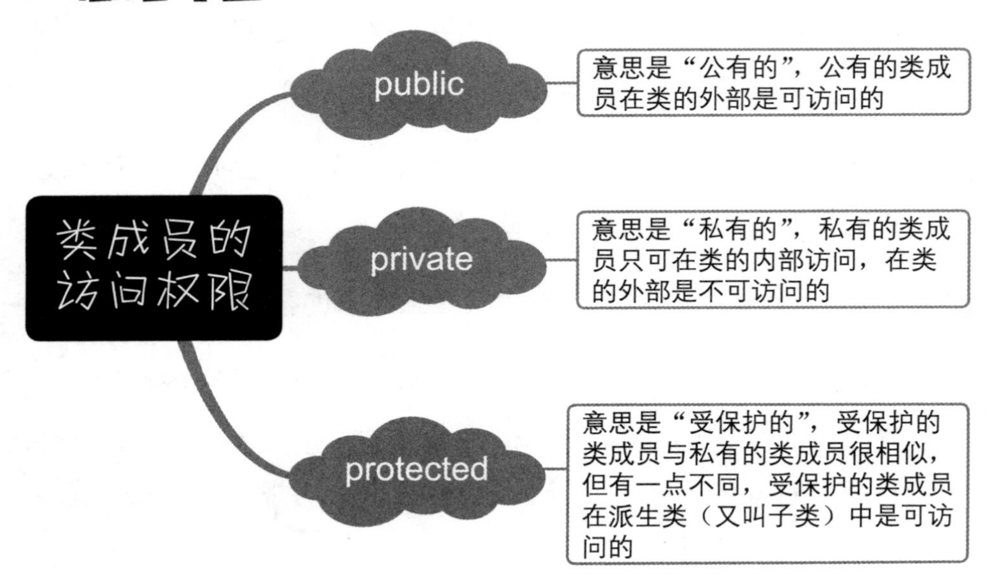

案例说明

本案例将利用类成员访问权限的知识改写上一个案例中的圆锥类。上一个案例中，定义圆锥类时将类成员的访问权限全部指定为 public，本案例则要将部分类成员的访问权限指定为 private。protected 权限的应用将在后面结合类的继承知识进行讲解。

代码解析

```
1  #include <iostream>
2  #include <cmath>
3  using namespace std;
4  class Cone  ——→定义圆锥类
5  {
6      private:
7          float l(float r, float h)
```

```
8          {
9              return sqrt(r * r + h * h);
10         }
11     public:
12         float pi;
13         float S(float r, float h)
14         {
15             return pi * r * l(r, h) + pi * r * r;
16         }
17         float V(float r, float h)
18         {
19             return pi * r * r * h / 3;
20         }
21 };
22 int main()
23 {
24     Cone c1;
25     c1.pi = 3.14;
26     cout << "圆锥1的表面积 = " << c1.S(3, 4) << endl;
27     Cone c2;
28     c2.pi = 3.1415;
29     cout << "圆锥2的表面积 = " << c2.S(3, 4) << endl;
30     return 0;
31 }
```

私有成员函数，用于计算圆锥的母线长度

公有数据成员，代表圆周率

公有成员函数，分别用于计算圆锥的表面积和体积

通过对象 c1 访问公有数据成员 pi，为其赋值

通过对象 c1 调用公有成员函数 S，计算表面积

通过对象 c2 访问公有数据成员 pi，为其赋值

通过对象 c2 调用公有成员函数 S，计算表面积

保存以上代码后按【F11】键运行，即可得到如下所示的运行结果。

运行结果

```
圆锥1的表面积 = 75.36
圆锥2的表面积 = 75.396
```

要点分析

1 在类的内部（定义类的代码内部），无论类成员的访问权限被指定为 public、private 还是 protected，类成员都可以互相访问，没有访问权限的限制。在类的外部（定义类的代码之外），只能通过对象访问类成员，并且只能访问 public 权限的成员，不能访问 private、protected 权限的成员。

2 上一个案例将类的 3 个成员函数全部指定为 public 权限，本案例中则将计算圆锥母线长度的成员函数指定为 private 权限，也就是不再允许这个函数在外部调用。此时在主函数中创建对象后，就无法通过对象调用该函数了。而在类的内部，则仍然可以正常调用该函数，例如，第 15 行代码在计算圆锥的表面积时，就调用了该函数计算母线长度。

3 上一个案例中直接调用了头文件中定义好的圆周率常量 M_PI，而本案例则将圆周率定义为类的数据成员 pi（第 12 行代码），并指定 public 权限。创建对象 c1 和 c2 后，通过赋值操作分别直接指定 pi 值为 3.14 和 3.141 5，然后用相同的参数计算圆锥的表面积，可以看到计算结果的小数位数发生了变化。这样就实现了根据需求获得不同精度的计算结果，同时也说明了源自同一个类的不同对象可以各自拥有不同的特征，即数据成员的值可以不同。

4 那么能不能在定义类时就为数据成员指定一个初始值，例如，将第 12 行代码改为“float pi = 3.14;”呢？在 C++11 标准发布之前，这种写法是不允许的，这是因为，类是一个抽象的类型，对象才是实体，才能拥有具体的特征（数据成员）。如果要在创建对象的同时为数据成员设置初始值，可以通过下一节要讲解的构造函数来完成。

056　类的构造函数

案　　例　圆锥 + 圆台类

文件路径　案例文件 \ 第 8 章 \ 类的构造函数 .cpp

构造函数是类的一种特殊的成员函数，它会在每次创建类的新对象时执行，完成对象的初始化，使对象在被使用之前处于一种合理的状态。构造函数常用于为数据成员设置初始值。

思维导图

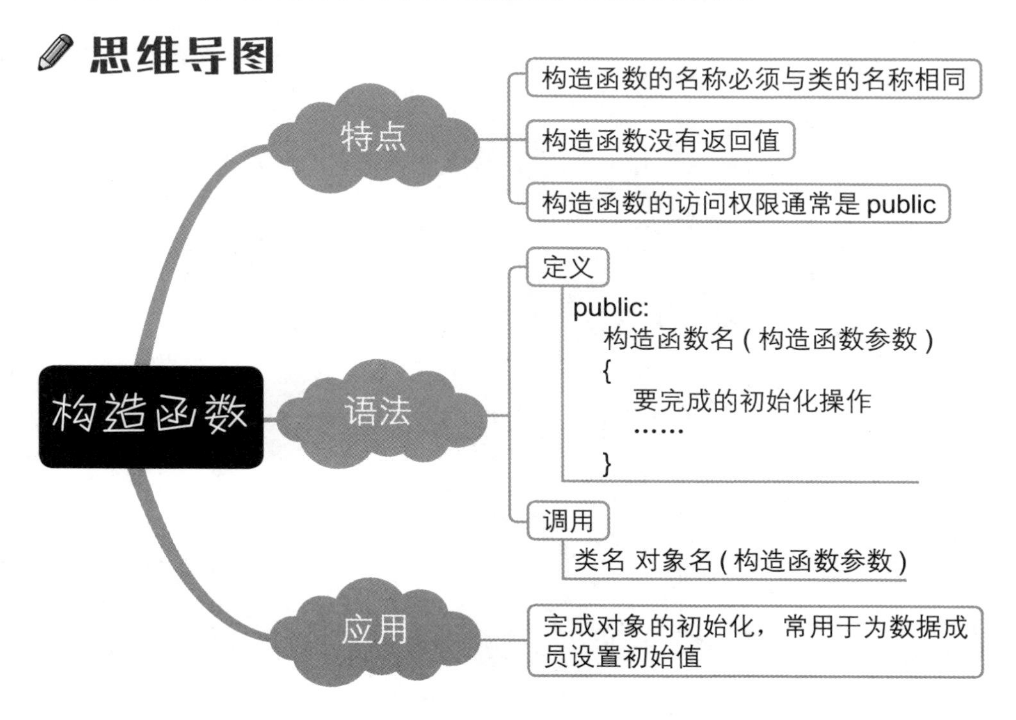

案例说明

如果将圆锥看成上底面半径或下底面半径为 0 的圆台，那么圆台的体积公式也可以用于计算圆锥的体积。本案例将利用构造函数的知识定义一个类，用于计算圆锥或圆台的体积。用这个类创建对象时需要给出 3 个参数——高、下底面半径、上底面半径。这个类中还有一个成员函数能根据上底面半径或下底面半径是否为 0 来判断创建的对象是圆锥还是圆台。

代码解析

```
1   #include <iostream>
2   #include <string>
3   #define _USE_MATH_DEFINES
4   #include <cmath>
5   using namespace std;
6   class Cone
7   {
8       private:
9           float h;
10          float R, r;
11      public:
12          Cone(float a, float b, float c)
13          {
14              h = a;
15              R = b;
16              r = c;
17          }
18          float V()
```

定义私有数据成员，变量 h 表示高，变量 R 表示下底面半径，变量 r 表示上底面半径

定义构造函数，作用是为数据成员分别赋初始值

```
19          {
20              return M_PI * h * (R * R + r * r + R * r) / 3;
21          }
22          string getType()
23          {
24              if (r == 0 || R == 0)
25                  return "圆锥";
26              else
27                  return "圆台";
28          }
29  };
30  int main()
31  {
32      Cone c1(3, 4, 0), c2(3, 4, 2);
33      cout << "c1是" << c1.getType() << ", 体积 = "
        << c1.V() << endl;
34      cout << "c2是" << c2.getType() << ", 体积 = "
        << c2.V() << endl;
35      return 0;
36  }
```

定义公有成员函数，作用是使用数据成员的值计算体积

定义公有成员函数，作用是根据数据成员 r 的值判断创建的对象是圆锥还是圆台

创建 2 个对象，并通过对象调用成员函数，完成判断和计算

保存以上代码后按【F11】键运行，即可得到如下所示的运行结果。

运行结果

```
c1是圆锥，体积 = 50.2655
```

```
c2是圆台，体积 = 87.9646
```

要点分析

1 前面的案例中，在定义类时没有定义构造函数，则编译器会自动生成一个没有参数且不执行任何操作的构造函数。

2 在本案例中，因为在第 8 ～ 10 行代码将类的数据成员都指定为 private，无法在类外通过对象为数据成员赋值，所以可以利用自定义构造函数为数据成员赋初始值。第 12 ～ 17 行代码即定义了一个构造函数来完成这项工作。

3 回顾一下构造函数的 3 个特点：名称必须与类的名称相同；没有返回值；访问权限通常是 public。这些特点在本案例中体现在第 6 行、第 11 行和第 12 行代码中。

4 第 32 行代码在基于类创建对象时调用了构造函数，创建了 2 个拥有不同特征的对象：c1 是一个高为 3、下底面半径为 4、上底面半径为 0 的圆锥，c2 是一个高为 3、下底面半径为 4、上底面半径为 2 的圆台。第 33 行和第 34 行代码通过这 2 个对象调用成员函数，完成对象类型判断和体积计算。

5 类的特殊成员函数除了构造函数，还有析构函数，它会在每次删除依据类所创建的对象时执行，常用于做一些“善后”工作，如释放内存资源等。析构函数的名称与类的名称完全相同，并在前面加一个浪纹线“~”作为前缀，它不能带有任何参数，也没有返回值。限于篇幅，本书不对析构函数做详细介绍，有兴趣的读者可以查阅其他 C++ 编程书籍。

057　类的继承

案　　例　圆类 - 圆柱类 - 圆锥类

文件路径　案例文件 \ 第 8 章 \ 类的继承 .cpp

继承是面向对象编程的一个重要概念，它是指以已有的一个类为基础，派生出一个新类。已有的类称为父类或基类，新类称为子类或派生类（以下统称基类和派生类）。派生类会自动拥有基类的数据成员和成员函数，并且还能添加新的数据成员和成员函数。这样就能快速重用代码，提高工作效率，让程序的编写和维护变得更容易。

思维导图

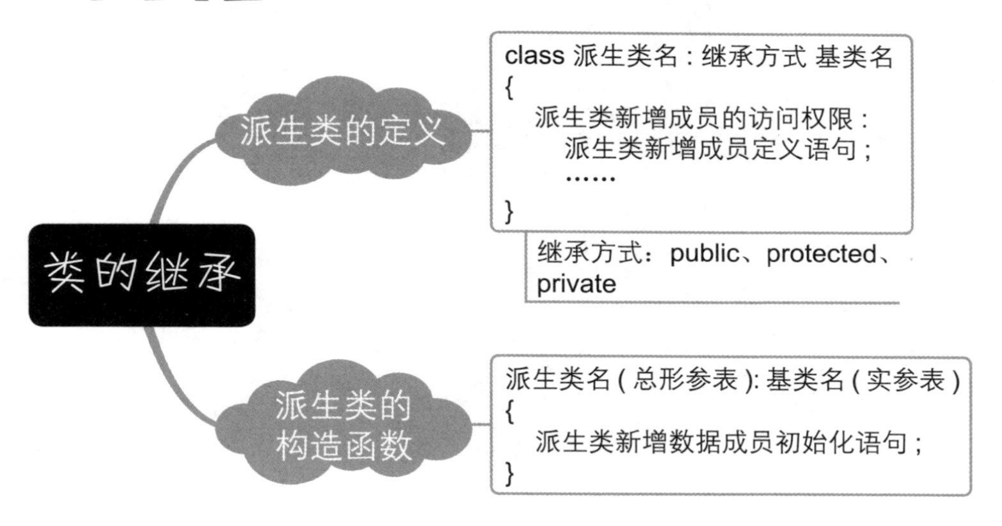

案例说明

本案例将首先定义一个圆类（Circle），然后利用类的继承从圆类派生出一个圆柱类（Cylinder），再从圆柱类派生出一个圆锥类（Cone），并利用圆柱类和圆锥类各自继承和新增的成员函数完成各种几何计算。

代码解析

```
1   #include <iostream>
2   #define _USE_MATH_DEFINES
3   #include <cmath>
4   using namespace std;
5   class Circle ──────→ 定义圆类
6   {
7       protected:
8           float r; ──────→ 圆类的数据成员 r，表示半径
9       public:
10          Circle(float a) ──→ 圆类的构造函数，用于初始化半径 r
11          {
12              r = a;
13          }
14          float getCiP() ──→ 圆类的成员函数，用于计算圆的周长
15          {
16              return 2 * M_PI * r;
17          }
18          float getCiS() ──→ 圆类的成员函数，用于计算圆的面积
19          {
20              return M_PI * r * r;
21          }
22  };
23  class Cylinder: public Circle ──→ 从圆类派生圆柱类
24  {
25      protected:
26          float h; ──→ 圆柱类的新增数据成员，表示高
```

```
27      public:
28          Cylinder(float a, float b):Circle(a)   → 圆柱类的构造函数，用于初始化半径和高
29          {
30              h = b;
31          }
32          float getCyA()   → 圆柱类的新增成员函数，用于计算圆柱的侧面积
33          {
34              return getCiP() * h;
35          }
36          float getCyS()   → 圆柱类的新增成员函数，用于计算圆柱的表面积
37          {
38              return getCyA() + 2 * getCiS();
39          }
40          float getCyV()   → 圆柱类的新增成员函数，用于计算圆柱的体积
41          {
42              return getCiS() * h;
43          }
44  };
45  class Cone: protected Cylinder   → 从圆柱类派生圆锥类
46  {
47      public:
48          Cone(float a, float b):Cylinder(a, b)   → 圆锥类的构造函数，用于初始化半径和高
49          {
50          }
51          float getCoL()   → 圆锥类的新增成员函数，用于计算圆锥的母线长
52          {
53              return sqrt(r *r + h * h);
```

```
54          }
55          float getCoA()  → 圆锥类的新增成员函数，用于计算圆锥的侧面积
56          {
57              return getCiP() * getCoL() / 2;
58          }
59          float getCoS()  → 圆锥类的新增成员函数，用于计算圆锥的表面积
60          {
61              return getCoA() + getCiS();
62          }
63          float getCoV()  → 圆锥类的新增成员函数，用于计算圆锥的体积
64          {
65              return getCyV() / 3;
66          }
67  };
68  int main(void)
69  {
70      Cylinder c1(3, 4);
71      cout << "圆柱c1的底面圆周长：" << c1.getCiP()
        << endl;
72      cout << "圆柱c1的底面圆面积：" << c1.getCiS()
        << endl;
73      cout << "圆柱c1的侧面积：" << c1.getCyA() <<
        endl;
74      cout << "圆柱c1的表面积：" << c1.getCyS() <<
        endl;
75      cout << "圆柱c1的体积：" << c1.getCyV() <<
        endl;
```

```
76        Cone c2(3, 4);
77        cout << "圆锥c2的母线长：" << c2.getCoL() <<
          endl;
78        cout << "圆锥c2的侧面积：" << c2.getCoA() <<
          endl;
79        cout << "圆锥c2的表面积：" << c2.getCoS() <<
          endl;
80        cout << "圆锥c2的体积：" << c2.getCoV() <<
          endl;
81        return 0;
82    }
```

保存以上代码后按【F11】键运行，即可得到如下所示的运行结果。

运行结果

```
圆柱c1的底面圆周长：18.8496
圆柱c1的底面圆面积：28.2743
圆柱c1的侧面积：75.3982
圆柱c1的表面积：131.947
圆柱c1的体积：113.097
圆锥c2的母线长：5
圆锥c2的侧面积：47.1239
圆锥c2的表面积：75.3982
圆锥c2的体积：37.6991
```

要点分析

1 派生类会自动获得基类的成员，但不包括构造函数和析构函数。

2 前面讲过，类成员的访问权限有 public、private、protected 3 种。在类的继承中，不同访问权限的基类成员的可访问性如表 8-1 所示（√表示可访问，× 表示不可访问）。

表 8-1

基类成员的访问权限	基类内部	基类外部	
		派生类	其他函数或语句
public	√	√	√
protected	√	√	×
private	√	×	×

3 类的继承方式同样也有 public、private、protected 3 种。继承方式会影响基类成员被派生类继承后的访问权限。在不同继承方式下，基类成员被派生类继承后的访问权限变化如表 8-2 所示。

表 8-2

基类成员的访问权限	不同继承方式下成员访问权限的变化		
	public 继承	protected 继承	private 继承
public	仍为 public	变为 protected	变为 private
protected	仍为 protected	变为 protected	变为 private
private	无法直接访问	无法直接访问	无法直接访问

4 本案例中创建的 3 个类的继承关系如图 8-1 所示。图中用不同字体标识出了继承的成员和新增的成员。

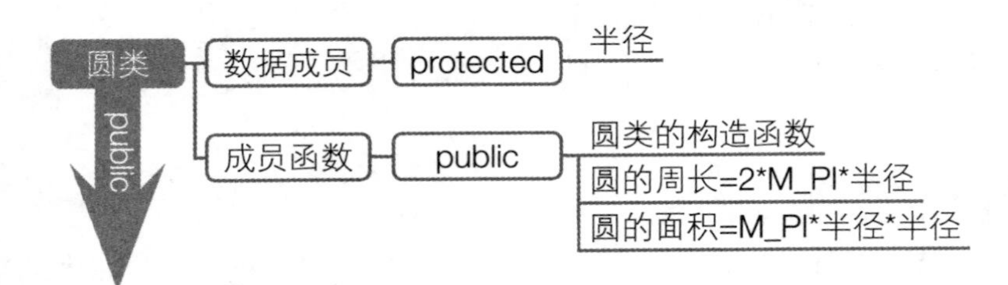

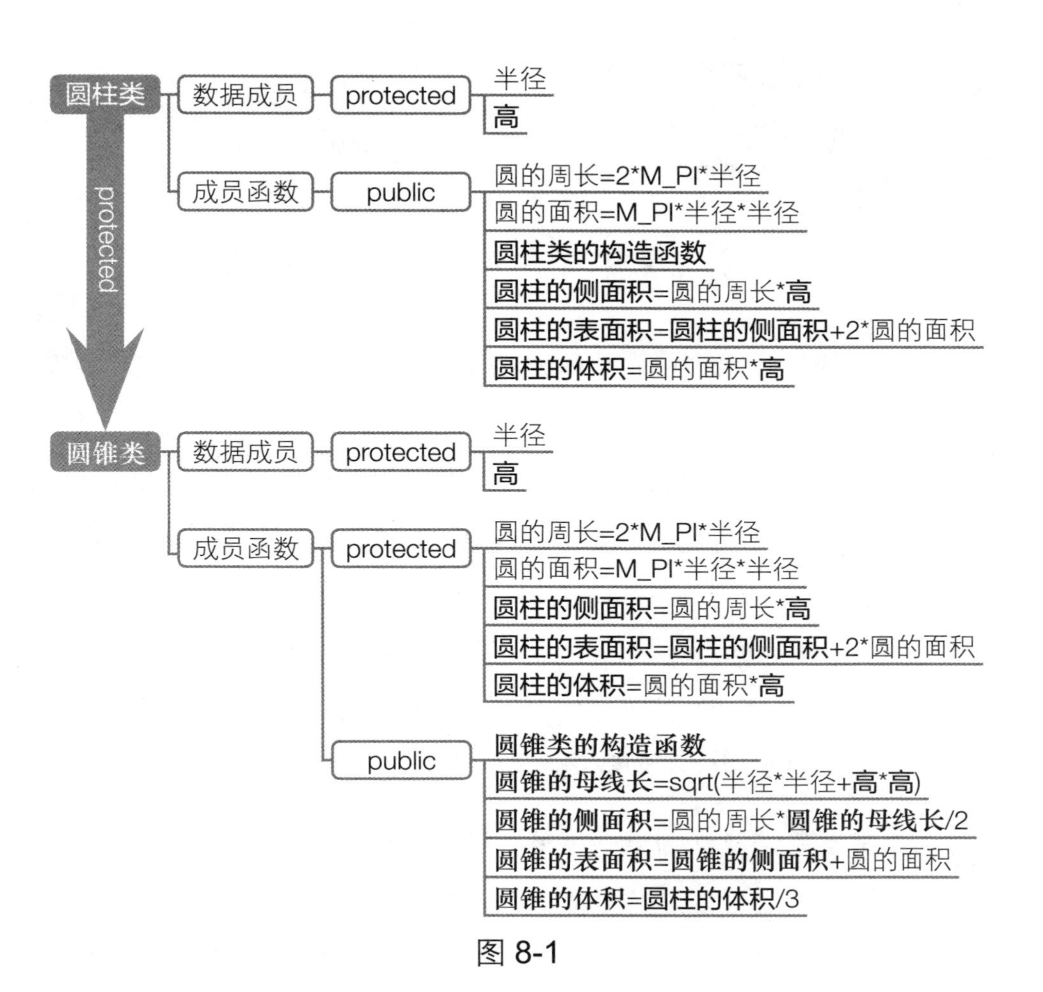

图 8-1

以计算圆的周长的成员函数 getCiP 为例分析类的成员在不同继承方式下访问权限的变化。该成员函数在圆类中是 public 权限，以 public 方式被圆柱类继承后，在圆柱类中仍为 public 权限，因此可以被圆柱类的对象访问，如第 71 行代码中的“c1.getCiP( )”；该成员函数接着以 protected 方式被圆锥类继承，在圆锥类中变为 protected 权限，因此可以在圆锥类内部访问，如第 57 行代码中的“getCiP( )”，但无法被圆锥类的对象访问，例如，如果在上述代码的主函数中书写“c2.getCiP( )”，在编译时会报错。

5 因为派生类不会继承基类的构造函数，所以在定义圆柱类和圆锥类时都重新编写了相应的构造函数。派生类构造函数的基本格式如下：

```
派生类名（总形参表）：基类名（实参表）
{
    派生类新增数据成员初始化语句；
}
```

“总形参表”包含用于初始化基类数据成员的参数和初始化自身数据成员的参数，“实参表”则使用“总形参表”中的参数作为实参调用基类的构造函数。例如，第 28 行代码中，Cylinder 后括号中的 a 和 b 是形参，所以前面要加上数据类型标识符 float，然后将 a 作为实参应用于 Circle 后的括号中，所以此处的 a 前面不加数据类型标识符。

6 本案例只涉及类的单一继承，即一个派生类只从一个基类进行继承。类还可以进行多重继承，即一个派生类可以从两个或两个以上基类进行继承。限于篇幅，本书不做展开讲解，有兴趣的读者可以查阅其他 C++ 编程书籍。